自転車生活の愉しみ

疋田　智

JN266471

朝日文庫

本書は二〇〇一年一二月、東京書籍より刊行されました。
文庫化に際し、加筆修正を施しました。

はじめに

まずは紙とペンを用意して、簡単でいいから自転車を描いてみよう。


車輪がありますね、二つ。

四つあったたっけ？　なんて人は、この本を手にとった人の中には、さすがにいない筈《はず》ですよね……（いる？）。

ハンドルもある。サドルもある。

ほかには？

そうそう、ペダルがある。チェーンがある。そして変速機なんてのもあったりするね。

ブレーキだってある。どこにあったたっけ？

それから、肝心のフレームは？

どんな形だったかなあ……？？


普段、見慣れている筈の自転車が、なかなかうまく描けない。

意外なことに、結構難しいのですよ。私のまわりの人々に描かせても、それなりに自転

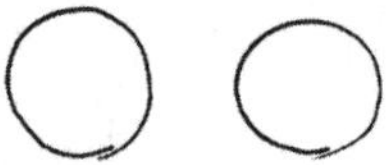

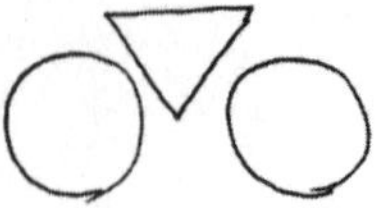

車のことを知っている人でも、実際、なかなかうまく描けないものなんだ。

私と一緒に描いてみましょう（写真もちらちら見ながらね）。まずは車輪を二つ。コレは簡単だ。そしてその真ん中に、こうして逆三角形を描く。この形がなかなか思いつかないポイントでして……。あ、そうか、と思うでしょ。それとも、あんまりピンとこないだろうか。

ちなみに逆三角形の上辺を除いてみる。するとこれが軽快車、つまり「ママチャリ」という発想の原型。分かるかな。

逆三角形の上辺が、こうして下に伸びているパターンもありますね。現在の軽快車ではこれが一番一般的な形。アナタのお母さんはコレに乗っていませんでしたか？

でも、基本はこの逆三角形だ。

次。コレだけじゃ車輪を支えられないからして、もう少しフレームを描き込んでみる。

で、前に一本。コレをフォークといいます。

後ろには二本。チェーンステーと、シートステーなんて呼ばれるフレームなんだけど、そんな名前は今のところは別段どうでもいいです。

コレだけできると、あとは部品がはまっていく。

ペダルがココ。ペダルを支える金属棒のことをクランクといいます。

その周りには大きな歯車がありますね。丸いヤツ。チェーンホイール。そこにチェーンがかかってる。

後ろの車輪の真ん中にも歯車。そこにチェーンをかけてみよう。

ハンドルはココ、サドルがココだね。

大まかなところはコレでできあがりだ。自転車らしくなったでしょ。

で、細かな部品はどこに付く?

ブレーキは、前と後ろのリムとフレームが重なる部分だ。も

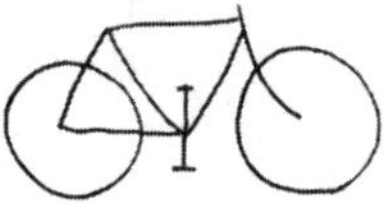 

しくは車輪の真ん中の軸周辺にくるタイプもある。ディスクブレーキなどは車輪の真ん中にドンと陣どってるからね。

変速機もあるなぁ。レバーがハンドルもしくは斜めのパイプ部分について、フロントとリアがそれぞれ前後の歯車まわりに付く。リアはチェーンも嚙むんで、チェーンのかかった位置が、多少、下にさがる。

どうだ、コレで完璧だ。

美しいよね、自転車のフォルムは。

私はホントにそう思う。自分の自転車を壁に立てかけて、見とれてしまうことも、少なくない。曲線と直線との完全なるバランス。機能美といえば機能美の極致だと言えるのではないか。

この本の目的は、一言で言うと、この絵をソラで描けるようになることにある。

つまり、自転車の基礎中の基礎を、完全に理解してもらうことだ。きっと読んだ後には、何も見ないでこの絵が描けるようになる。

そして、それ以上の目的を言うなら、より多くの人に自転車を好きになっ

てもらうことだ。

さらに、読者諸兄に、自転車に乗ることの楽しさ、素晴らしさ、そして、それを社会に生かすことの意義を、ちょっぴりでも考えていただければ幸いだと思っている。

別段、私は自転車の専門家でもレーサーでもない。

正直言って、本来、こんな本を書く資格がある人間だとも自分自身で思えない。

私が自転車に関わっているのは、ただ単に「毎日、自転車で通勤してまーす」という、それだけなのだ。都内サラリーマンの凡庸なる三四歳男。

それなのに蛮勇を奮って、あまたの自転車本の上に、さらに一冊を加えようというのは、ただ「自転車の愉しみ」だけは、ひょっとして多くの普通の人よりも若干知っているかな、と思うからだ。自転車の素晴らしさをより多くの「普通の人々」に伝えたいな、という思いだけが執筆の動機なのである。

東京の東の湾岸地区、江東区に住んでいる。

サラリーマンだから毎朝、出勤する。出勤先は港区赤坂。往復およそ二四キロ程度だ。雨の日以外は、電車やクルマを一切使わず、自転車で往復している。

『自転車通勤で行こう』（WAVE出版）という本を出したのが、一九九九年の秋だった（二〇〇三年、『自転車ツーキニスト』と改題して文庫化）。

自転車で通勤してみると、ダイエットにもなるし、環境にもいいですよ、というような趣旨の、地味な地味ーな本だったのだけど、意外にも多くの人々に読んでいただいた。

自転車ツーキニスト（自転車通勤をする人という意味ね）という名前も、一部の人々には知られるようになったし、本と同名で開いたホームページ*も、幸いなことに多くのご支持をいただいたりして、自分自身、少々驚いている。

色々な見知らぬ人から「こういうときはどうすればいいですか？」「どんな自転車を選べばいいですか？」とメールをいただく。その度ごとに、いや、こんな私ごときに、と恐縮しながらも、何かが熟し始めていることを感じてきた。あと一つ、何か後押しするものがあれば、とその度ごとに思ってきた。

「今、自転車がブーム」などと言われて、もう随分経つ。ブームでなくすでに定着したん

＊「自転車通勤で行こう！」HP アドレス
http://japgun.hp.infoseek.co.jp

だ、というような声も聞く。

実際にメッセンジャーをはじめとして、都内でも自転車を見かけることが格段に増えたし、新聞、雑誌などで自転車が取り上げられることも増えた。

リカンベント自転車や折り畳み自転車など、オッと目を惹く新奇な自転車を、あちこちのメディアで見かけた人も多いはずだ。若い人たちの一部にも「バイシクルってちょっとカッコいいかな」という認識が生まれ始めているのも喜ばしい限りだ。

だけれど、何だか自転車って、すごく敷居が低い反面、一方ではすごく敷居が高いと思わないだろうか。

スーパーなんかで売られているママチャリの類は、信じられないくらいに安くて手軽。でも、そういうのは、あくまでご近所をちょいと乗るだけだし、それで何かが変わるなんて思えない。一方で、ロードレーサーやMTB（マウンテンバイク）方面のスポーツバイクの人々は、あくまでも「我が道を行く」という感じで、専門店なんかに行くと、なかなかそのマニアックな雰囲気の中に入り込めない自分を感じてしまう。

私は、その真ん中が欲しいなぁと思っているのだ。

ある程度の性能である程度の値段。手軽なんだけど、でも普通のママチャリとはひと味違う。そういう自転車に乗ってみて、自転車的な生活を送るのはいかがでしょうか？　というような提案をしたいのだ。普通の生活の中に、自転車というものをもう少し取り入れるだけで、きっと新たな地平が拓かれていく。進みゆく時代の中で、ふと立ち止まって考えるきっかけができてくる。そう思ったときにはベルトの穴が二つ小さくなり、重ね着する服が一枚少なくなっている。それは事実だ。そして、そのような生活はどうだろうか、と、私は提案をしたいと思っているのだ。

大袈裟《おおげさ》に言えば、自転車には二一世紀を拓く可能性がある。

色々な便利なものに囲まれた現代の中で、あえて自転車という選択をしようというのは、これまた大袈裟に言うと一つの勇気だ。

でも、そんなにしゃちほこばって考えないでも、自転車に乗るのは楽しいよ、風をきって自分の力で道路を進むのは気持ちがいいよ、というのが私の言いたいことなのだ。

自転車の魅力は、本来、人が歩く五倍六倍のスピードを、自分の脚力以外に何の動力もなく、楽に出せるところにある。これは都内のあらゆる交通機関の中でも格段に速い。

狭いクルマの中でビンビンにエアコンをきかせて渋滞の一員となっているよりも、満員電車の中でもみくちゃになって、体力と気力をすり減らせているよりも、自転車は必ずあなたのためになる。

健康、環境に貢献する。それもいい。だが、それ以上にその自由さ、楽しさは、きっと自分自身のアタマをも活性化させてくれる。

おまけにどこからどこまででもドア　トゥ　ドア。電車の時間を待つ必要もない。さらに言うと、すべてがタダ。

時には雨が降るときもある。風の強い日もある。キッツい上り坂だってある。だけど、そんなことぐらい、いかほどのことであろう。ある種のコツで、そういう不快な事態もかなりの程度、回避できる。

油のきいた、ネジのぴしっと締まった、欲を言えば通常のママチャリよりもうんと軽く作られた、エクセレントな自転車に一度、乗ってみていただきたい。その自転車と一緒に生活をしてみれば、いつしかすべてを自転車ですませている自分に気づくはずだ。自分の近くに自転車がない、ということになると、そのことを寂しく感じている自分に気づくはずだ。

私は断言する。二一世紀は自転車とともにある。

未来はドラえもんのポケットや、どこか見知らぬところからやって来るものじゃなくて、きっとあなたの身近なところ、そう、自転車の中にこそ潜んでいるのだ。

自転車生活の愉しみ／もくじ

はじめに……003

1章　東京で自転車に乗るということ、それと、通勤するということ……017

2章　さあ始めよう！……037

3章　自転車を選ぼう……089

4章　さあ走ろう（自転車運転術）……127

5章　自転車と暮らすということ……153

6章　メンテナンスの基礎講座❶……177

7章　メンテナンスの基礎講座❷……193

8章　怒濤のヨーロッパ自転車紀行……219

9章　ビジョン2012……317

本文デザイン　岡本健十

ながーいあとがき……336

文庫版のあとがき……348

特別対談　パックン×疋田 智……353

コラム1　自転車生活の経済学……034

コラム2　自転車で洒落るにはどうするか?……047

コラム3　痩せるという事実……059

コラム4　シマノという現実……086

コラム5　放置自転車のこと……122

コラム6　自転車ライフの必需品❶……150

コラム7　自転車ライフの必需品❷……174

コラム8　クリティカルマス……189

コラム9　頑固なサビの落とし方……216

コラム10　行政の動きと自転車活用推進研究会……315

コラム11　地球上で最高にエネルギー効率が高い移動手段、それは自転車である……334

自転車各部の名称（ロードレーサーの場合）

◆あくまでここで憶える必要なんてないけれど、本文中で「あれ？　それって何だっけ？」というときにこのページを開いてくれるとありがたいです。また、ロードレーサーでなくても、各部の名称はだいたいこれに準じます。

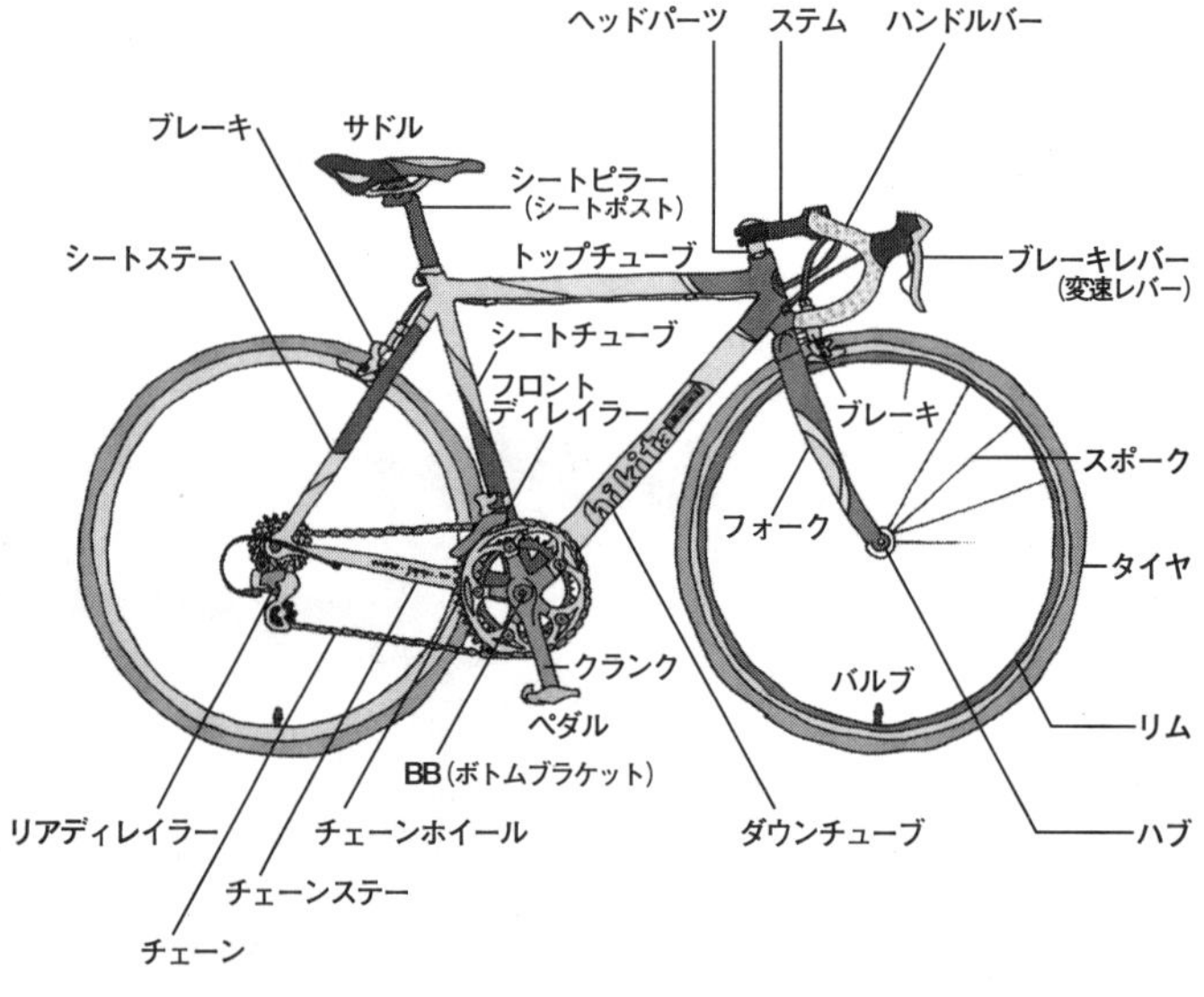

自転車生活の愉しみ

世界中のあらゆるクリスティーヌのために

1 章

東京で自転車に乗るということ、それと、通勤するということ

最後に自転車に乗ったのはいつだっただろう。
高校の頃？　それとも社会人になった後だったろうか？
大人になると、かつての男の子たちも女の子たちも、
なぜか自転車から縁遠くなってしまう。
あんなに乗っていた自転車なのに、
なぜだかみんな自転車を「卒業」してしまうんだ。
でも、ホントはそんなバカな話はない。
大人になっても自転車は使えるぞ。
サドルに乗って眺めてみれば、
東京だってアッという間にワンダーゾーンに姿を変えてくれる。

◉ほんの少しのハードル

最初に自転車で通勤することについて、ちょっとだけ書こうと思う。

実はハードルなんて、そんなに大したことはないのだ。自宅から会社まで自転車で行くことにはね。何となく会社には「電車で行くもの」「クルマで行くもの」と思いこんでいるだけで。

ママチャリでも何でもいいから、とにかく二輪のタイヤとペダルとチェーンがある代物に乗っかって、自宅から駅へ、それも一つ向こうの駅に行ってみる。あれ？　意外と早いな、と思う。こんなに近いのならば、もう一駅行けるな。で行ってみる。行ける。意外と楽だ、とも思う。

じゃあ、そのまま会社まで行ってみようか。

休日などを利用して試しにやってみる。

と、恐らくこれまた行けます。限界の目安はだいたい一五キロから二〇キロというところで、少なくとも東京二三区内だったらどこでもOK。この本を手にとってくれたような人だったら、少しぐらい経験があるかもしれない。ホント、自転車って思った以上に遠くまで行けるものなのだ。実際にロードバイクを駆って、八王子から高田馬場まで毎日往復七〇キロ（!）の自転車通勤をしてる剛の者までいるぐらい。

ドア トゥ ドアなら大抵の場合、電車よりも早い。おまけに健康的。電車代もかからないよ。さらには地球環境にも大いに貢献できる、とね。そういう諸々のことにだんだん気づいていくのに、恐らく、それから三カ月もかからない。

自転車で通勤することについては、私の最初の自転車本『自転車通勤で行こう』（現『自転車ツーキニスト』〔光文社知恵の森文庫〕）にしつこくしつこく書いたので、ココではあまり述べないけれど、その意外な簡単さは力説しておいてもいいと思う。何しろ、この私ができるのだ。子どもの頃から、体育だけは必ず「3」、それも多分にお情けの3だった私でもね。

京都の環境会議以降、自転車をライフスタイルに取り込もう、という動きが、ようやく日本でも少しずつ始まってきていて、政府や地方自治体などが「クルマ社会を考え直そう」などとシンポジウムを開いたりすることも多くなった。

「自転車に乗る」ということ自体が知性的で格好いいことだ、という認識も、以前に比べると高まってきたとも思う。コレは主に若い世代を中心としてだ。実際に都心などでよく見かけるメッセンジャーたちは、ちょっと爽やかでカッコいいものね。ちっとも進まない渋滞のタクシーの中から、すり抜けていくメッセンジャーなんか見て、あ、いいなぁ、と思ったりしたのも私だけではないでしょう。狭い金属の箱の中に閉じこもってノロノロ動いてる自分がバカみたいに思えてくる。

まあ、そんなこんなで、時代の風は「自転車的なるもの」に吹いている。この上、さらに小泉首相（二〇〇一年秋当時）が「感動したっ、自転車で行こうっ」なんて言ってくれると、さらに時代は自転車に向いてくるのだろうけど、目下のところ、彼は別のことで忙しいからね。

でも、小泉さん、ひょっとしたら似合うよね、自転車。コルナゴ（ものすごく高価な高級自転車ブランド）の細ーいフレームのロードなんかに跨《また》がってくれると、細面の顔とも相まってピッタリだと思うのだが、誰か官邸関連の人、勧めてくれませんかね、総理に。

アメリカ政府に対して「京都議定書を」なんて言うときにも、「ああ見えてプライムミニスター・コイズーミは、日本でいつも自転車に乗ってるらしい」なんてことになると、説得力も違うと思うなぁ。

さて、その追い風を受けての自転車環境なんだけど、その風によって随分よくなったかというと、さに非《あら》ず。むしろ相変わらずという方が正しい。

◉目下のところの東京自転車環境

本来はね、自転車にはニコニコした顔で乗ってるのが一番似合うんだ。だけど、なかなかそうはいかない、というのが正直なところで、ダメなことはいっぱいあるわけですよ。この日本の、なかでも東京の自転車環境については。

まず、どこを走っていいのかがさっぱり分からない。法規上はもちろん車道。それも左端。だけどあの大通りの車道の端を走るのは、最初は相当な勇気が要る筈だ。

車線いっぱいの巨大トラックが黒煙とともに猛スピードで通り抜け、風圧でよろけそうになり、タクシーがモノもいわずに目の前でキッと停まる。路面の端にはちょうど測ったようにロードバイクのタイヤ幅ぐらいの排水溝が口を開いている。雨ニモマケズ風ニモマケズ、排気ガスにも幅寄せにも無軌道スクーターにも負けず……、なんて思いながらペダルを踏んでる人もきっと多いことでしょう。交通システムというものが、ホンットに自転車のためにできてない。

ほんの時たま、都心の車道にも「自転車レーン」と称して白線が引っ張ってあるところもある。だけど、そのレーンがまた、いい具合にクルマの路上駐車天国になってしまっているのが、残念なことに現状なのだ。で、その違法駐車をすり抜けようとするには、当然、車道側に膨らんで走らなくてはならないワケで、後ろからクルマが襲ってくる。かえって危険。何のためのレーン？　と思うことがとても多い。

自転車が走りやすい環境のために道路インフラを整える、というのは確かにいいことなんだけど、まずは人々の意識を変えるというのが先なのかもしれないんだよね。

自転車というものが、車道ではクルマに邪魔にされ、歩道に上がると歩行者から危険扱いされる。そんなあり方は、やっぱり間違ってるよ。

自転車レーンは歩道に敷いてあることも多いが、これではぜんぜん意味がない

会社帰りの深夜、幹線国道を通っていると、トラックとタクシーはホントに露骨に自転車のことを邪魔にする。追い抜くときに意味もなくクラクションを鳴らしたりして。まあ実際に彼らにとっては邪魔なんだろうけど、こちらから言わせれば、向こうの方が邪魔なのだ。おまけにぶつかったらケガするのはこっちだし。

左折のトラックが、じりじりと幅寄せしてきて、キュウッとハンドルを切る。内輪差に巻き込まれそうになって、パニックブレーキ（「危ない！」と思ったときの急ブレーキのこと）を握る。

「おおっと、危ないっ」と言ったところで、もうクルマははるか前方だ。

実は、私は本来、非常に言葉遣いの丁寧な人間なもので（ウソ言え、との突っ込みは無用）、「あぶ、あぶ、危ないじゃないですか」なんて言ってしまうのだ。その度に悔しい思いをするのである。

何とか「この野郎！」と言えるように、普段からセリフを練っておこうと、会社の廊下を歩きながらも、ぶつぶつとイメージトレーニングを積んでいたりする。「くぉら、この腐れ外道のスカタンがぁ」とかね、ぶつぶつ。「いや、腐れ外道のタコスケがぁ」のほうがいいかな、ぶつぶつ、とか。

会社の廊下を歩きながらだから、まわりから見ると明らかに変な人なのだが、ある日、誰かが後ろから肩を叩く。

反射的に思わず「くぉら、この腐れ外道のタコスケがぁっ」。

「はぁ？」

「ぶ、部長！」

これで私が会社生活の一年半を棒に振ったのは、私の勤める会社の中では知る人ぞ知る話（かなりフィクション）。

◉でも自転車に乗るのだ

いかんいかん、コレでは最初から「だから自転車に乗るのはやめようよ」と言っているみたいではないか。そうではないのだ。それでも自転車に乗るワケだ。どんなに環境が不利でも、それをはるかに上回る何物かがある。

そう、もう四年近くになる。自転車通勤を始めてから。

そして満員電車に戻るつもりは、いまだもってまったくない。自転車は完全に私の人生の一部になったし、その人生をちょっぴりだけ幸せにしてくれた。まったく個としての「ちょっぴり幸せ」。ここが重要だ。環境がどうの、健康がどうの、と大上段に言うつもりはないのよ。本来私は。

いつも次のように言う。

自転車に乗って会社に行ってみませんか？　会社に行くだけでなく、なるたけ生活の中で活用してみませんか？　それはなぜかというとね……、楽しいからです。自転車に乗って会社に行くことは、とても気持ちのいいことだからです。ダイエットにも抜群に効きますよ。そして、身体がスマートになるだけでなく、ココロまでスマートになりますよ、とね。

毎日、サドルに跨るようになってすぐに、私は東京にも季節があることを発見した。通勤途中、毎日、皇居の東半分をぐるりと走っていく。お堀の草が風でさわさわと揺れている。夏場には、その草の緑色と黒いシルエットとのコントラストが、目に眩しい。それが次第に柔らかい色となり、お堀の水面に映る木々に黄色が混じる頃になると、秋風が吹いている。

川の匂いが日によって変わる。風の向きによって磯臭くなったりしながら、水面を越えてくる風が、もう春だよと伝える。そういった季節の表情を、この東京で当たり前に気づくことのできる自然さ。

地下鉄の中では到底、無理。オフィスの中だってそうだ。冷房が入って夏、暖房が入って冬、そういう気温の高低だけが季節感だった。そういった人工の施設の中の、人が作った風、人が作った気温。しかしだ……、とある日、突然に思うのだ。

パソコンの中で、現実感から遠く離れた何桁もの数字が点滅し、実際に会ったこともない人にメールを送り、液晶画面の中だけのヴァーチャルな世界が展開していく。だけど、ヴァーチャルな感覚というものは、実はパソコンだけが培ったものではない。オフィスの中のコントロールされた気温、プラスティック製の観葉植物、空気清浄機。それらは本来「なかった」はずのものじゃない。夏は暑いのだ。汗を掻《か》き掻き移動するのだ。冬は寒いのだ。外を走るのがイヤになるほどに。でも、だからこそ春に、秋に「ああ、いい季節になったなぁ、風が気持ちがいいなぁ」と思える。秋風の匂いに気づく、春に若草の香りがする。それが、この地球に生きてるということだろう。

天気にも敏感になる。雨が降るのが心配になる。風が吹く日は憂鬱になる。日照りの夏はおろおろ歩く。そういう天の配剤にいちいち反応できることが、自然だ、人間だ、と思えるようになる。思えるようになる頃には身体中の細胞が覚醒《かくせい》してきている。

冬の夕方に帰途につく。

陽の落ちるのが早いから、もうまわりは真っ暗だけど、いつもの道から外れてみようかな、と思う。ふと小径《こみち》に入ると古めかしい銭湯があったりする。いかにも地元に住んでますといった風情のお爺ちゃんお婆ちゃんたちが、洗面器を持って軒をくぐっていく。番台でタオルと石鹼を買って（あわせても二〇〇円未満）、中に入る。大きな湯船に身体を浸し、窓から外を見ると、小さな坪庭に無花果《いちじく》の木が植えてあって、その上に白く光るものが……、おお、雪だ。雪が降ってきた。

しんとした浴室に自分を含めて五、六人程度。黙々と身体を洗いながら、水の音と、桶（やはりと言うべきかケロリンと書いてある）を置く音だけが浴室に響く。

あるいは夏の長い夕方に帰途につく。

またまたいつもの道から外れてみようかな、と思う。ふと小径に入ると全然知らない神社があったりする。何だか結構な謂《いわ》れがあったりして、意外に広い緑地を持ってる。そこでうるさいほどに蟬《せみ》が鳴いている。やあ、蟬くんよ、君たちはこんなところに隠れていたのか、と思う。

気持ちのいい古本屋を突然発見したりして、軒下に自転車を停める。近所の小学生たちが縦笛を吹きながら通り過ぎる。

時間が止まる。その圧倒的な自由。

自転車通勤が、都市生活者にもたらすもう一つの恩恵は、こうした寄り道の良さ、つまり「通勤」を「苦行」から「自由な楽しい時間」に変えてくれることだ。

今まで意味もなく放棄していた季節と自由。そして、それがどんなに素晴らしい権利であるかに、今更ながら気づくのだ。ホントよ。

◉自転車にとっての東京、さらに

もう一つ。自転車通勤を始めると誰でも気づいていくのは、この街はなんて空気の汚れた街なんだってこと。自宅のある江東区から勤務先の港区まで、葛西橋通りから永代通り、さらに外堀通りと、都内屈指の幹線道路を通る。結果、当然のように、毎日トラック、タクシー、バスの排気ガスを浴びることになる。さらに渋滞も多くて信号待ちも多い。すると、一連のディーゼル車両は悪名高い「アイドリング・ガス」を吐き続けということになるわけだ。でも、ディーゼルでなくても同じことだよね。有害物質の量に多少の多寡があるだけで。そして、その有害物質吐き出し装置たるクルマが、どんなに小さくても一台当たり五平方メートル以上を占拠している。

ある調査によると、日本のクルマの一台当たりの平均乗車人数は一・五人以下しかないのだそうだ。あんなに大きな鉄の塊を化石燃料を燃やして引っ張りながら、ほとんどのクルマには一人しか乗っていないのだ。何かがおかしいよなあ、と思う。不況不況と言いながら東京の自動車の数はまったく減らない。冷暖房のきいたクルマの中にふんぞり返ってハンドルを握りながら、それでいて腹に蓄えた贅肉を何とかするために、週末にはスポーツジムに行く。ヘンでしょ。変。ホントはすごく無駄。ものすごくおかしな話なのだ。

冒頭にあげた通り、東京は自転車にとってほぼ最悪に近い街だ。排気ガスは言うに及ばず、実際に向こう岸に渡れない交差点は都心に実にたくさん存在するし、自転車が安全に通れる場所がホントに少ない。

それでも都心で自転車に乗る代表格は、やはりメッセンジャーたちだろう。その彼らを見かけることが、この五年というもの倍々ゲームで増えた。増えた理由は簡単で、バイク便よりも値段が安くて早いからだ。ビジネスの世界はもう自転車の有用性に気づき始めている。

そのメッセンジャーの一人、Kさんが、以前、私にこう言った。

「我々だってクルマは怖いんですよ。だからクルマに対して常に自分をアピールします。小学校で習ったでしょ、自転車に乗るときの手信号。あの手合いのサインが重要なことなんです。厳密に言うとあれとちょっと違いますけどね。

手のひらを斜め後ろにさしだして、クルマに対して『来るな』と『先に行け』。基本的にはこの二つ。

でも、メッセンジャーの本場、ニューヨークなんかで言わせると、ちゃんとメッセンジャー用に自転車専用レーンがあるんですって。あの坂だらけのサンフランシスコでもそう。アメリカみたいなクルマ王国でも、こと都市においてはそうなんですよね。排気ガスを出さないという一点だけをとっても『バイシクルに正義あり』と思われているんです」

都市を走りゆくメッセンジャーたち

◉アムステルダム、そしてその他の街々

そう、海外先進各国となると話がまったく変わってくるのだ。自転車活用が盛んなのは、アメリカよりむしろヨーロッパであって、その最先進国といったら何をおいてもまずオランダであろう。この国の首都アムステルダムでは自転車がないと生活ができないのだ。日本からやってきて、アムステルダムでアパートを借りるとする。まず不動産屋に言われるのだそうだ。

「やあ、日本人よ。アムステルダム、そして我が『チューリップ不動産』へようこそ。だが、アパートを借りる前にキミにはすることがあるんじゃないかね？　そうとも、自転車を買うんだ。この街では自転車なしではアパートを見に行くことすらできないんだよ」

平坦なポルダー（干拓地）の街。ここの住民はホントに自転車をよく使う。道々には専用の自転車レーンが整備され、都市間を結ぶ電車などでは自転車の持ち込みが可能だ。

街中に小さな駐輪場が多数存在し、レンタル自転車も多数用意されている。

公共交通機関と自転車の連携。これが都市交通の最も速い移動手段であり、同時に最もバランスのとれたところだと思う。

環境に最大限に寄与するためには、いっそのこと全部、徒歩で行けばいい。でも、それ

はあまりに現実的でないから、遠ければ公共の交通機関を使う、大荷物ならトラックも致し方ない。お年寄り、障害者、乳幼児のためにこそクルマを用いる。そして自ら行ける範囲は自転車で。

ヘルシンキ（フィンランド）の自転車レーンで、親子でヘルメットを被《かぶ》り自転車に乗るたくさんの若いお母さんを見た。ミュンスター（独）では中心街からほぼ全面的にクルマを締め出し、自転車だけを交通手段とした。バンクーバー（加）では「自転車高速道路」のようなものの建設が議論されている。温暖化ガス排出量をなるたけゼロに近づけ、地球の死期をできるだけ遠ざけるための地道な努力。世界は明らかに変わり始めている。

ココの部分はまた章を変えて（8章参照）詳述するんで、覚悟するように。

◉「自転車生活」をライフスタイルに

東京、そして日本はもうクルマに甘えている場合ではないと思う。これだけたくさんのクルマを生産して世界中に輸出してきた。そして我々はなにがしかの豊かさを手に入れ、今、便利な生活を営んでいる。だが、その生活を支えてきたクルマたちが、世界中で有害物質と二酸化炭素を吐き出している。

ようやくクルマを手に入れ始めた途上国に、ストップをかけることは恐らくできない。

我々もそうしてきて、彼らの羨む生活を手に入れたのだから。ならばできることは何か。それは我々自身がスリムになることだろう。

だいたいこの東京で、人間を運ぶだけのためにクルマに乗ることが必要だろうか。今の量のクルマがこの街に必要なのか。

自転車に乗ればいい。そうでなくとも電車に乗ればいい。無駄を減らす、ゴミを減らす、排気ガスを減らす、街の贅肉をそぎ取る必要があるのだ。

東京という街は、これから目指すべき都市コンセプト、いわば「都市としての生き方」を形作るべきときに来ているのだろうと思う。それは当然、この巨大都市に住む一人一人の生き方にも通じてくる。一人一人がエコに。そしてそのコンセプトの中核に来るのが「自転車」なのだ。

自転車で通勤する人々は、やがて何かに気づいていく。ある人は季節の移り変わりかもしれないし、ある人は交通システムの不備かもしれない。でも、やがて共通して気づいていくのは、会社と自宅が地続きで、ワケの分からないシステムを内蔵するこの巨大な街も、同じ地べたの上に張り付いていることだ。その地べたの綻《ほころ》びから、土が顔を出しタンポポがこっそり咲いている。ヴァーチャルでないダイレクトな移動感。都市の景観の細部が見えてくるからこその現実感。それが人を現実の生に引き戻す。

まだまだ走りにくい東京。仕方ない。とりあえずこの街はクルマと歩行者のためにできているのだから。でも、自転車を積極的に利用する人々がもっと増えれば、必ず何かが変わっていく。私は今やある種の手応えと共にそれを感じている。

もう一つだけ付け加えよう。変わらなくてはならないのは自転車側もそうだ。歩道驀進《ばくしん》のママチャリ、右側通行、不遜《ふそん》なベル、二人乗り、無灯火、放置自転車。こうした乗る側のルールを徹底させ、一人一人が自転車で走ることの意味を考えていかなくては、インフラだって整える意味がない。

街は人を変えない。人が街を変えるのだ。

[コラム――1] 自転車生活の経済学

何でもかんでも自転車で、というのが目下のところの私のライフスタイルではあるのだ。通勤をはじめとして、都内各所移動は雨の日以外はみんな自転車。で、それは私の懐にも大いに恩恵をもたらしてくれた。

それがいかほどのモノだったかをちょいと書いてみよう。

サラリーマンなら会社から通常、電車の定期代を通勤手当としてもらう筈だ。

私が自転車通勤を始めた頃の場合を例にとると、JR山手線の日暮里駅から地下鉄千代田線の赤坂駅までの約一二キロだった。

自転車通勤を始めた頃は、今の江東区でなく荒川区に住んでいたのですね。ついでに言えば、私は引っ越しの際も「無理ない自転車通勤の範囲」なんてことでマンションを決めてしまった。で、江東区南砂。コンクリートの厚さとか関係なし。住宅評論家の先生に怒られますね。まあ、そんなことは私の勝手なんでどうでもいいのだけれど。

話を戻そう。で、半年で定期代五万八五五〇円である。一年で一一万七一〇〇円(二〇〇一年当時)。

実際には雨などで、月に五日程度は電車を使うことになってしまうから、その分は切符を買うとして、これが往復で六四〇円。

年間で三万八四〇〇円となる。

それを差し引いた額が、七万八七〇〇円。

つまり自転車で通勤することによって、一年間で、まあ、そこそこの自転車(クロスバイクを想定)が買えるかな、という程度が浮く、という計算になるわけだ。

もちろん人によってはそれ以上の人も以下の人もいると

思う。バス便を使う人には、特にメリットが多い。バスの定期はけっこう高いし、電車ほどきっちり時刻通りに来ない、という点も解消できるしね。

　毎日の肉体労働通勤の代償。これを多いと見るか、少ないと見るか。

　さて、私の場合、コレに続きがあった。

　何でもかんでも自転車ライフスタイルを続けていると、必然的にクルマを使わなくなる。で、思い悩んだ末に、とうとうクルマを手放してしまった。学生時代から乗っていた思い出深いクルマだったのだけどね。ホントはクルマ好きだったのだ。かつての私は。

　ところが、いったんクルマを手放してみると、その経済効果はすさまじいものだった。

　都内のマンションなんかに住んでいると、誰もが感じることだとは思うけれど、高いのよ、駐車場代が。ホントに腹が立つほどに高いよね。日暮里（荒川区）で月三万円、南砂（江東区）で月二万五〇〇〇円だよ。もう信じがたいのだ。

　ところが、それがみんなチャラになった。

　さらに、それ以外のことを言っても、クルマって本当におカネを食うでしょ。税金、燃料代、高速代、車検代、などなど、諸々の経費がすべて浮いてしまって、年間で合計七〇万円程度がセーブできます。こうなると、ちょっと凄いでしょ。

浮いたお金を
どうするかって？
もちろん
住宅ローンを
返すのよ。

2章

さあ始めよう！

ハンドルを握る、サドルに腰を下ろす、ペダルを踏む。
JAL のファーストよりも、メルセデスの後部座席よりも、
自転車のサドルこそが断然の特等席であると気づくのに
1カ月もかからない。
自分の足で風を切る快感、歩くスピードの5倍6倍のスピード感。
フィットネスでもあり、リラクゼーションでもある。
最強のエアコン装置・お天道様はすぐ頭上に輝いている。
本来こんなに贅沢な移動手段はないのだが、これがまた、無料。
ならばタダついでに、誰の家にもある「ママチャリ」を
ちこっといじってみよう。
まずはそのあたりからスタートだ。

◉ママチャリでも行こう

さて、自転車生活ってちょっといいかな、よーし、自転車を買いに行こう、と思ったアナタ。

でも、ちょっと待て待て、待ちたまえ。身近にも自転車あるじゃない、立派な自転車が。そう、何年も前に買って、最近あまり乗らなくなっちゃってた、古いママチャリのことですよ（現役のママチャリなら、なおいいけどね）。

または、お袋さんが乗ってた自転車を引っぱり出してきてもいい。コレだってきちんと自転車であることには違いないんだ。

もちろん、そのまま乗ってもいい。だけれど、それでは「お、何だか新たな生活っぽいな」感に欠けるでしょ。だからちょっとだけ改造して（いや、手を入れて）みようというのが本項。

古びて色々とサビもホコリも目立つママチャリは、別ページ紹介（コラム9を参照）のサビ落とし方法を参考にしていただくとして、さて、まっとうに動くママチャリをチョコッと変えてみよう。あまりの激変に目から鱗《うろこ》がバリッと落ちるかも。

ホントの話、ママチャリだって、実は捨てたものじゃないのだ。ほんの少し、少ーし手を加えれば、アナタのママチャリもきっと驚くほど軽快、快適な自転車に変化する。
方法は簡単。まずはコレから試してみては……。

シティサイクル、もしくは軽快車。つまるところいわゆるママチャリにもいいところはたくさんある。カゴはついてるし、スタンドもあって、とっても便利。ズボンの裾《すそ》を結わえる必要もないし、スカートでだって乗れるぞ。ま、だからママチャリっていうんだけどさ。何よりもお手軽。いつでも乗れるし、どこでも停められる。あの売り上げの多さとスタイルは、伊達《だて》じゃあないのだ。

ならば、何が悪いかというと、そのポイントは二つ。誰もが気づいているように、ママチャリは遅い。そして、長い距離が走れない。ココのあたりを克服しなくては、ママチャリにて「快適自転車生活」とはいかないわけ。

で、そこを改善するために狙うべきターゲットがある。そのターゲットとは、まずはサドルだ。

①サドルを高くしてみよう

一つ目は、至極簡単。ただ単にサドルの位置をあげるだけだ。

多くのママチャリの場合、サドルを支える金属棒（これを「シートピラー」「シートポスト」などという）がフレームに差し込まれている部分に、レバーがついてるはずだ。これをグリッと回すと、サドルがゆるゆるになりますね。コレでサドルの位置が調節できる。できない？

そういうことは多々あるのだ。長いこと放ったらかしていたサドルは、フレームとピラーがサビで癒着してしまって、なかなか抜けなくなってしまうのだね。まるで政官財の癒着構造のごとくに。だから、行財政改革をしなくてはならない。

サドルをガッチリ持って力任せにブルンブルンと振る、または、サドルの上に木の板か何かをのっけて、その上をハンマーで叩いてみてもいい。壊れません。壊れる前に、癒着構造が解消します。いずれにしても、必ずシートピラーはフレームから外れる筈。悪は必ず滅びるのだ。

うまい具合にピラーが外れたら、油（灯油でもいい）を含ませた雑巾《ぞうきん》などで、サビを拭《ぬぐ》って（茶色いままでも一応、平らになればＯＫ）、再度、フレームに差し込み、高さを調整してみよう。

ホントはここでフレームの穴に防サビスプレーを吹き込んでおくといいんだけど、今、ママチャリをいじってるアナタは、そんなスプレーは持ってないでしょ？　穴の入り口に油を塗っておきましょう。これまた機械油なら上等だ。灯油でもいい。場合によっては、極端な話、サラダオイルやバターでもいいぞ。香ばしい自転車に変わるはず（ホントはなるたけやめていただきたいけどね、そんなこと……）。

さて、サドルの高さだ。

よく言われるのは、次のような基準。ペダルが一番下になった状態で、足を伸ばしてみて、ちょうどかかとの位置になるぐらい。つまり股下の長さイコールサドルからペダルまでの長さという勘定だ。分かります？　ママチャリのスタンドを立ててみて、片足のかかとをペダルに載せ、その足を伸ばしてみるとおおよその見当がつく。その位置にサドル高を設定するといい。

そんなに厳密じゃなくてもいいなら、片足つま先立ちでよろよろと自転車を支えられるぐらい、というところだ。この場合、スタンドは立てないでね。

「何だよ、サドルに腰かけたままで足がぺったり付くところがママチャリの良さなんじゃないか……」

うーん、確かにそうなんだけど、そこは慣れなんだ。停まるときはお尻をサドルの前に出して、フレームを足で挟むよ

ママチャリ

うな形で停まる。それにさえ慣れれば、このポジションは疲れないよ。必然的に長い距離が走れるようになる。

サドルは高く。コレは快適走行のための鉄則だ。

②サドルの位置を、後ろに下げてみよう

コレは、知ってる人は知ってるが、知らない人はまったく知らないという、いわば裏ワザ。実は最近のママチャリは、最初っからこうなっているのも多いけど、古いヤツの場合は有効だ。乗り味が大きく変化する。ぜひお試しあれ。

サドルのすぐ下、サドルとシートピラーとの間を見てみよう。大きなネジでサドルがシートピラーにくくりつけられているでしょう。このネジが、サドルよりも前輪側にありますね？　コレをひっくり返して後輪側にしてみるという作業なのだ。

やり方は①よりは、ほんの少し手間取るけど、まあ簡単だ。

まずはくだんのネジをモンキーレンチで緩めてみる。サドルがふにゃふにゃになるでしょう。そのままサドルを引っこ抜く。サドルの部分だけが意外にすんなりと抜けるはず。

え？　また抜けない？　アナタはいったい、どれだけ長くこの自転車を放置してきたんですか……。ココの部分は雨に濡れないからなかなか錆《さ》びない筈なんだけどなぁ……。ま

あいい、その場合も簡単。トンカチで、くくりつけられてる部分をコンコンと（あまり強くはダメですよ）叩いてみれば緩む筈。

んで、サドルがすっぽりと外れたら、裏をまじまじと見てみよう。サドルの裏は実はこのようになっていたのです。普段はあまり見ない部分でしょ。さて、そのサドル裏面にシートピラーにくくりつけられていた、ブリキのリングがありますね。やることは、それをグルッと回して、サドルの前側にするだけ。あとは外した手順の逆でピラーにハメて、例のネジを締めるだけだ。

その際に、恐らくサドルの角度が変わっちゃうから、腰を下ろす部分をおおよそ地面と水平に調整しておこう。

さあ、跨ってみる。

ハンドルが遠くなったでしょ。必然的にちょっぴり前傾姿勢になる。ちょっとＭＴＢ風の姿勢は、最初のウチは慣れないかもしれないけど、一週間も乗ってると、おや、長時間乗

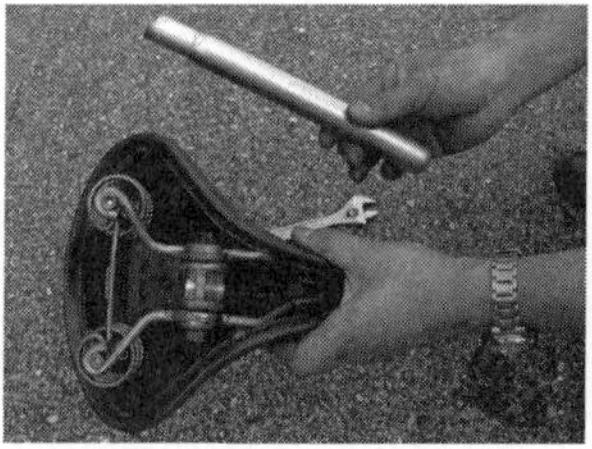
シートピラーとサドル

大きなネジをモンキーレンチで緩める

ってても疲れなくなったな、スピードも何だか出るようになったな、と思うはず。

③コレはサドルじゃないけれど

サドルの話じゃないけれど、もう一つ、圧倒的なのがある。コレも激簡単。

タイヤの空気圧だ。自転車屋さんでポンプを借りて、空気をパンパンに入れてみる。

通常の空気圧の一・五倍から二倍ぐらいが目安なんだけど、空気圧ゲージがない場合は触っての感触だけでもOKだ。指で押してもおいそれとへっこまないぐらいにパンパン、いや、カチカチにしてみる。

正直言って、乗り心地は多少、硬くなる（悪くなる）けれど、スピードの差は圧倒的だ。タイヤの接地面積を小さくすることはホントにスピードにモノを言う。ロードレーサーのタイヤがあんなに細くて、あんなに空気圧が高い（ママチャ

空気圧ゲージ。通常のママチャリにおすすめなのは、4～5気圧

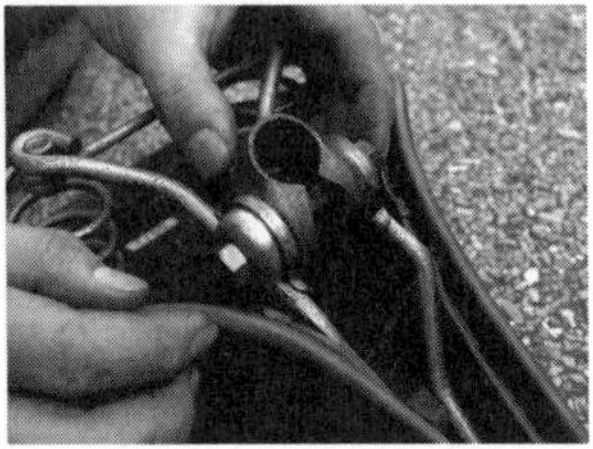

ママチャリのサドルについているブリキのリング

バーハンドル

リの三倍ぐらい）のには理由があるのだ。

サドルを高くして、後方に下げて、タイヤに空気をパンパンに入れて、さあ、走り始めてみる。最初は慣れないポジションに違和感があるかもしれないけれど、そんなに悪いものでもないはずだ。一週間も経てば、慣れてきて、こちらの方がはるかに自然に思えることだろう。

いつもよりも格段に速くて、風を切って走っていく感触が気持ちいいでしょ？　ママチャリだって、その実力、実は恐るべしなのだ。

◉さらにママチャリを改造してみる。……してみる？

もうちょっと難易度の高いいじり方もある。

中でも格好に大きく影響するのが、ハンドルの交換。流行《はや》りのバーハンドルなんかに変えると、印象ががらりとスポーティに変化する。コレは「軽い前傾姿勢」という意味でも、それなりに効果的だ。さらにはサドル自体を思い切って、スポーティなものに交換する。

全然オススメでないけど、チェーンケースを外す、スカートガードを外す、ドロヨケを取っ払っちゃうという手もあるぞ。

もう完全にママチャリには見えなくなっちゃいました。

なんと呼べばいいのでしょう、この自転車は？

こういうのは当然ながら「ヤリ過ぎ」ってヤツで、ママチャリのいいところも、ついでになくしちゃうし、かといって格段、性能が上がることもない。

だいたい一口にハンドルの交換って言っても、前述の三つに較べると、難易度は高いからね。ブレーキレバーだって外さなくちゃならないんだから。

それでも、いじりたくなってきたら……。

そうです。いよいよ、次のステップ。ニュー自転車を買うことを考えよう。

ママチャリじゃない自転車。その圧倒的なる性能の向上にアナタはきっとハマる筈。ハマる、ハマる、ハマる、ハマる、ハマる……。

ちなみに私はパソコンに向かいながら、糸のついた五円玉をブラブラ振ってます。

[コラム――2] 自転車で洒落るにはどうするか？

一度でもやってみると分かるけど、自転車でちょっと長い距離を走るとき、つまり通勤などの一番の問題は、服装だ。敵は汗。

真冬のほんの一時期を除くと、一〇キロ走れば必ず汗が出る。夏場なんて、すぐにシャツが汗で張り付いて透明になる。スーツを着て走るなんてのは、まず論外。

私の場合、勤め先がテレビ局なんで、服装が比較的自由というのが幸いしたけれど、都心のホワイトカラーにとって、それをどう洒落《しゃれ》ながらクリアするかが問題なのだ。

贅沢を言うと、会社にシャワールームとロッカールームとクロゼットが揃っているとが望ましい。トレーニングウェアで会社までやって来て、爽やかにシャワーで汗を流し、しかる後に、クロゼットにずらりと並んだスーツから今日の一着を選び、バリバリに業務に入る、なんていうのが理想なんだけど、そんな会社(一部の例外を除いて)どこを探しても、ありやしない。

で、田代順さんに登場願うワケだ。

田代さんは外資系企業をクライアントとするPR会社にお勤めの四四歳のサラリーマン(二〇〇〇年当時)。小金井市の自宅から、西麻布のオフィスまで約二五キロ(！)を週に三日のペースで自転車通勤してる。

バリバリの広告マンなのだ。ビシッとスーツでキメてなくては、仕事にならないわけで、どうやってんですか、と聞くと、秘密はフィットネスジムにあった。

「私の場合、原宿のクランチか六本木のティップネスを利用してますね。こういったチェーン展開の大手のジムは、必ず駅のそばに施設がありますから、自転車通勤には大いに価値ありです」

つまり田代さんはフィットネスジムをシャワールーム兼着替え室にしてるのだ。ジムは会社のすぐそばだという。スラックスとワイシャツ、タオル、靴などは背中のザックの中。予備のスーツ一式は会社に置いているのだそうだ。

六年間、その流儀。着替えが面倒くさいと感じるかどうかは本人次第だが、自転車通勤の爽快さを考えると、そんなことは何でもない。

「色々と試行錯誤はありましたが、ベストな選択がこれでした。でも、仕事の後にもジムは活用できるわけで、トレーニングして自転車で帰宅できる。最高じゃないですか」

そう、田代さんの場合、私なんぞと違って、そもそもが、トレーニングのための自転車通勤だった。心がけが違うのだ。そして、それが自然、ライフスタイルとして定着した。

「このようなフィットネス&ライド人口は、今後さらに増えていきますよ。だから大手のフィットネスチェーンは、自転車の保管場所や貸しロッカーの対応には注目していくべきでしょう」と言う。なるほど私も大いにそう思う。

しかし、田代さんはストイックな求道者かと思えば、同時に無類の酒好きでもあったぞ。

「問題はお酒を飲んだときにどうやって帰るかなんですよ。やはり飲酒運転は絶対にアウトですから。置いて帰るか、畳んで持ち帰るか。一番いいのは、最初から酒席があると分かっているときには乗ってこない、ということなんですがね」

その通り。私の場合は折り畳んで帰る。自転車の場合だって、やはり「飲んだら乗るな」なのである。

◉自転車を見に行く前に「基礎の基礎」を学んでおこう

さあ、ママチャリに乗って、自転車屋さんに見に行こう。

と、と、と、ちょっと待って、まだ待って、まあ待ちなさいって。

ただ漫然と自転車を見に行っちゃぁ、結局「ステキな色！」だとか「メカメカでカッチョえー！」だけで決めちゃうことになりかねん。もしくはただひたすらに「安い！」とかね。まあ、それで選んだところで、私は決して間違いだとは言わないけれど、自転車選びの基礎の基礎だけは、知っていても損はない。

例によって難しいことは言わないから、ま、次のことだけは憶えておいて欲しい。

自転車を選ぶ際に、大きくモノを言う基本は三つ。大きさ、重さ、そしてタイヤのサイズ、つまり直径と幅だ。

ディレイラー（変速機）なんかの、二四段（スピード）だとか七段だとかの数字に惑わされちゃダメ。二一段よりも一八段の方が、はるかに高性能だったりするんだから（この数字、知ってる人には分かる。おいおい語っていきますんで、また後ほど……）。

大きさと重さ

大きさは、まあ、見たなりだ。ドレミ自転車（古い？）や、ウルトラマン自転車を選ばない限り、「こりゃぁ、あまりに小さすぎるなぁ……」なんてことはまずない筈。

　まあウルトラマン自転車は冗談にしても、跨ってみて、違和感なく乗れたら、まず合格と見てよい。跨った姿を誰かに見てもらって（自転車屋さんに見てもらえばＯＫ）、「うーん、少し大きめかな」とか「小さめかな」とか言ってもらえば、なおのこといいね。目安としてはシートチューブ（フレームの縦のパイプ）の長さ（これをフレームサイズという）が股下の長さのマイナス二五〇ミリというところ。その前後であればまず問題はない。

　ホントはトップチューブが長めだの短めだの、アナタの脚の長さが七五〇ミリだとか（誰なんだ？）、色々あるのだけれど、そんなことは、病膏肓《やまいこうこう》に入ってレースなんかに出るようになってから、気にすればよろしい。より効率的なペダリングを考えると、重要なことではあるんだけど、厳密さを求めると、結局、オーダーになっちゃうからね。高いぞ、オーダーは。そーゆーことを言ってると、いつまで経っても選べるものも選べない。

　次に重さだ。

コレはものすごく重要な上に、あとで「しまった！」が多い部分。絶対にチェックしなくてはならんので、心してチェックするように。

最初に結論を言っとくと、せっかくママチャリから乗り換えるのだから、一五キロ以上は不合格だ。

「別に、輪行《りんこう》（分解して電車に載っけたりすること）するワケでもないし、多少重くても大丈夫だよ」と思う人。その考え方は大きく違う。

重量が一番大きくモノをいうのは、言うまでもなく「坂道」。多くのママチャリが坂道が苦手な理由は、変速機がついてないとか、あっても三段しかないとか、そういう問題じゃなく、実は重いからなのだ。

大抵のママチャリは一七～二〇キロ程度の重量がある。ホームセンターなんかで「大特価九八〇〇円」なんて書いてある手合いのものは、まず二〇キロ以上ある。コレを単純に一二キロ前後の自転車と比較してみると、おおよそ五キロの米袋二つ分、重いのだ。荷台に米袋二つをくくりつけて乗ってる姿を想像してみれば分かるけど、それで坂道を上るのは、やっぱりキツいよね。

さらに、坂道だけじゃなくて、普段の走行の乗り味だって、全然変わってくる。

軽いとスタートダッシュが、ツルーンと速いし、停まるときだって、ブレーキのききがいい。つまり軽快にサッと停まれる。走ってる最中だってペダルが軽い。結果として、軽い自転車は疲れない。このことは圧倒的だ。

自転車は、より軽いものを選ぶ。コレは鉄則。

そうなると、当然、あきらめざるを得ないのが、三万円程度の「フルサスMTB（もどき）」の類ということになってしまう。前と後ろにバネのついた、メカメカなアレですね。残念なことなんだけど、そうなのだ。

アレはカッチョいいし、その割に安いし、サスペンションがきいて乗り心地が柔らかいし、流行りだし、買うんならアレかな、と思ってる人も多いでしょ。だけど、アレでは日常が厳しい。二一段変速だったりするから坂道も上りやすそうにも思えるけど……、でも、それは間違いなのよ。変速機よりも重さのマイナスの方がはるかに大きいのが現実。

本来のダブルサスペンションは、高価《たか》いのですよ。それはガッチリ作るのと同時に軽量化を果たしているからだ。安値は必ず重さに結びつく。あの手合いは最低でも一八キロはある。そうなのだ。重さと値段は直結している。ここのところが、正直つらいトコなんだよなぁ。やっぱ安いに越したことないもんなぁ……。

ついでに言うと、ロードレーサーの類で「六〇万円」とか「八〇万円」とかの、目をひん剝《む》くようなプライスタグがついているモノを、見聞きしたことがあるでしょ。なんでチャリンコが？　軽自動車が買えるじゃないの。どこが違うのよ、と思ったでしょ。私もかってはそう思った。だが秘密はここ、すなわち重量にある。

すべてがすべてとは言わないけれど、基本的にあの手合いは「軽い」から「高い」のだ。アルミはもちろん、チタン、カーボン、はたまたスカンジウムなんて素材を使って「強いけど軽い」というフレームを作り上げる技術。それが高い。最先端では七キロを切る自転車すらある。ただし一〇〇万円に近い。

まあ、そんなのはプロのヒトにお任せして、さて、実際に買うべき重さはどれぐらいのものか。

一〇キロから一五キロの範囲内、なるたけ一〇キロ寄り、一〇キロを切っていたらもっといい、というところが常識的なところだと私は思う。

もちろん軽ければ軽いに越したことはないけど、同時に私は思うよ。街乗りの自転車にそんなにお金をかけちゃダメ。盗まれる危険性だってあるんだし、あんまり高いと気軽に乗れなくなっちゃう。九キロや八キロの自転車は、まあ、あまりお手軽な値段とは言い難くなるからね。

タイヤの直径と幅について

タイヤの直径つまり大きさと、幅は、重さに次いで重要です。基本は次のごとし。

●タイヤの直径が大きければ大きいほど、スピードは増し、スピードの維持も容易になる。小さいタイヤ径にはスピード上のメリットはあまりないが、こまめなゴー&ストップはしやすい。また、コンパクト性に優れる。

●タイヤ幅が細ければ細いほど、スピードは増す。つまりペダルが軽くなる。だが一方、タイヤ幅が細ければ細いほど、乗り心地は悪くなる。さらには、滑りやすくなるし、パンク、破損などのトラブルが増える。太い場合はこの逆。

この中のバランスにおいて選択せざるを得ないというのが、車輪選びの実際だ。直径の方は自らの身体の大きさに合わせて、でも、大きいに越したことはない。ママチャリの車輪は、そう考えると若干小さめかな。私のオススメは700Cという一般的な自転車の中では、最も大きいサイズのもの。コレはなかなか軽快に走ります。

基本的に小さなタイヤには「小回り」という以外にあまり大きなメリットはないんだけれど、ただ、小径最大の美点「コンパクト性」には、大きなアドバンテージがある。流行りのフォールディング(折り畳み)にできる、ということだ。フォールディングバイクは使い方次第でとっても楽しい自転車生活が待っている、まあこれについては、また別項だ。

さて、お次に、幅だ。

私は細い方が好きだけど、ヒトによっては太い方が好きな人もいる。コレは好みだ。重い自転車の方が好み、という人はいないけど、太いタイヤの方が好み、という人はいる。ただ、あまり「好み好み」と言っていても仕方がないんで、ちょっとだけ私の趣味を……。

基本的にママチャリの太さは、やはり幅がありすぎる。軽快さを損ねる。乗り心地は悪くないけどね。

タイヤの横にも直径×幅の表記がある

一方、ロードレーサーに使われるチューブラー（タイヤがそのままチューブになったタイプ）に代表されるような激細のタイヤは、初心者にとってはやはり乗り心地が硬すぎる。またグリップ力も失われるから、スピードを出していると、とっさの場合のブレーキングが難しくなる。

狙うべきはこの中間だ。

空気を入れた状態で二〇ミリとか三二ミリ、五三ミリなど色々あるけど、三〇ミリ弱程度が乗り心地とスピードとのバランスがとれてて街乗りにはオススメだ。ただ〇〇ミリとか言われてもあまりピンとこないでしょ？　だからママチャリとロードの中間であれば、まあ実際乗ってみての感触だね。

ちなみに私の好みは、例の７００Ｃの大きさに二三ミリ程度の幅。カタログには「７００×23Ｃ」と表記されてます。一般的に言うなら、ちょっと細すぎで、つまりは硬すぎと言えなくもないけど、そのあたりは好みなのだ。

あとついでに言っとくと、オフロードのブロックタイヤは、街乗りの中ではあまり役に立たないので＊、これまたちょっと見のワイルドさに惹かれて飛びつかないように。街乗りではツルツル目のタイヤの方が全然快適よ。

このツルツル目のタイヤのことを「スリックタイヤ」という。マウンテンバイクにも決して似合わなくはないので、ＭＴＢを選ぶ場合も「タイヤはスリックで」と頼むこと。ちゃんとした自転車屋さんに頼むと、きちんと交換してくれるはずです。

とは言ってもだ……

と、まあね、そうは言ってもね……。

何だかんだと七面倒くさいことを並べたあとで、今さらナンなんだけど、最初にちょっと書いたように、実は何でもいいのだ。タイヤが大きかろうが小さかろうが、サスペンシ

＊路面からの抵抗が大きいので、街乗りでは疲れます。

ヨンが三つも四つもあろうが、たとえ重さが三〇キロあろうがね。

自転車屋の店頭で「あーっ、コレ素敵」と思った自転車が一番最高だってのも、間違いない事実。

実際にそうして買った人も多いでしょ、私はそれをまったく間違いだと思わない。むしろ私のゴタクを聞いて、なあんだ、ボクのワタシの自転車って、そんなもんだったんだ……、と思うことを恐れる。

一目惚れで買った自転車は、きっと長いことアナタの期待に応えてくれます。

自分が気に入って買ってきて、あるときはピカピカに磨いたりして、人によっては名前まで付けちゃったりして、そうして愛してきた自転車は、アナタのケツに、手に、脚に馴《な》染《じ》んでいるはずだ。そのことはどんな性能より勝ると私は思う。

どうぞ、その自転車を大切に愛《め》でて下さい。

さらに「どうやら700Cとかいうのがオススメらしいなぁ、このヒキタとかいう野郎は……」と思っても、別段、そうでなくてはならない、というキマリなどないのだ。

二四インチのママチャリ径だって、キュートだし、それなりの性能は発揮する。

むしろ「これがいいらしいんだけど、あんまり私の好みじゃないのよねぇ」とか思いながら乗っているよりも、「何だかあまり性能はよくないらしいけど、いいの、私はこっちの方が好き」という方が、きっと楽しい自転車ライフが送れる。そっちの方が格段にオススメだと思う。

そもそも自転車の最大の美点の一つは、「自由性にあり」と私は思っている。

その自由性は色々なところで発揮されるのだけど、同時にチョイスに関してもそうだ。クルマなんかだと、馬力がいくつで、トルクが何キログラム・メートルで、最小回転半径が何メートルでってあるでしょ。それらいちいちのスペックが、自転車の場合は、そもそも、すべてアナタ次第なのだ。

自転車は自分では動けない。結局アナタの力を効率的に生かす道具なのである。だったら、アナタが「コレが一番気持ちいい」と思うのが一番。最終的にはそこで決めるしかない。そしてそちらの方に確実に正義はある。

「こっちの方がいいらしいから……」と誰かから聞いたことを優先して、嫌いな色の自転車をチョイスするより、「なんかこっちの方がピンとくるのよね」と気に入ったものを選ぶ。

くれぐれもそこのところをお間違いなきよう……。

まあ、そういう前提を頭に入れながら、さらに、次なる基礎にいってみようか。

〔コラム——3〕痩せるという事実

ホントにホントにそうなのよ。コレに関しては。

私はもう自信を持って言っちゃうんだけれど、自転車は痩せる。様々なスポーツジムに必ず「エアロバイク」があるのには、ちゃんと理由があるのだ。

自転車がダイエットに効くというのは、この運動が非常に有効なエアロビクスになっていることを示している。太腿《ふともも》の筋肉群というのは人間の筋肉の中で一番大きなもので、それをたえず動かして酸素を消費することに意味があるのだそうだ。

人間の身体に負担を与えない、無理のない有酸素運動。コレがすなわち心肺機能を高め、新陳代謝を活発化する。あらゆる運動にありがちな「衝撃」というものが、自転車には皆無に等しいから、骨、関節などに負担が少ない。お医者さんたちがこぞって自転車を勧める理由だ。

毎日の自転車通勤をするようになって、その効果は私の身体にも如実にあらわれた。

自転車通勤前は八四キロだった体重（私の身長は一七一センチ）が、一年後、六七キロまでに減った。コレは見た目にも健康にも圧倒的だった。

現在は七〇キロ弱程度で落ち着いているけれど、定期検診などでの「中性脂肪値」「コレステロール値」などは完全に健康優良状態だ。それまではCとかBとかの「要注意値」がついていたのにね。

自転車は健康的である。この言葉にウソはない。

ときどき「排気ガスだらけの東京を自転車で走っていると健康に悪い」というようなことをいう（意地悪な）人がいるんだけれど、私はそのマイナス面をプラス面が大きく上回っていると思う。

さらにときどき女性で「脚が太くなるんじゃないかしら」と心配される方がいらっしゃる。これまた心配ご無用だ。

脚に筋肉がつくっていうのは、競輪選手のような走り方をして初めて生じる現象で、通常の自転車生活においては、むしろ痩せて細くなる。若干は筋肉質になるかもしれないけれど、それにしたって「締まった」という印象だ。

有酸素運動は無酸素運動と異なり、筋肉の増強にはあまり資さないのである。

実は私のこれまでの「自転車生活布教活動」において、一番のキメ台詞はコレなのだ。

「自転車は痩せる」。そして私の「使用前」の写真を見せる。

どう？　乗ってみる気になってきた？　ってね。

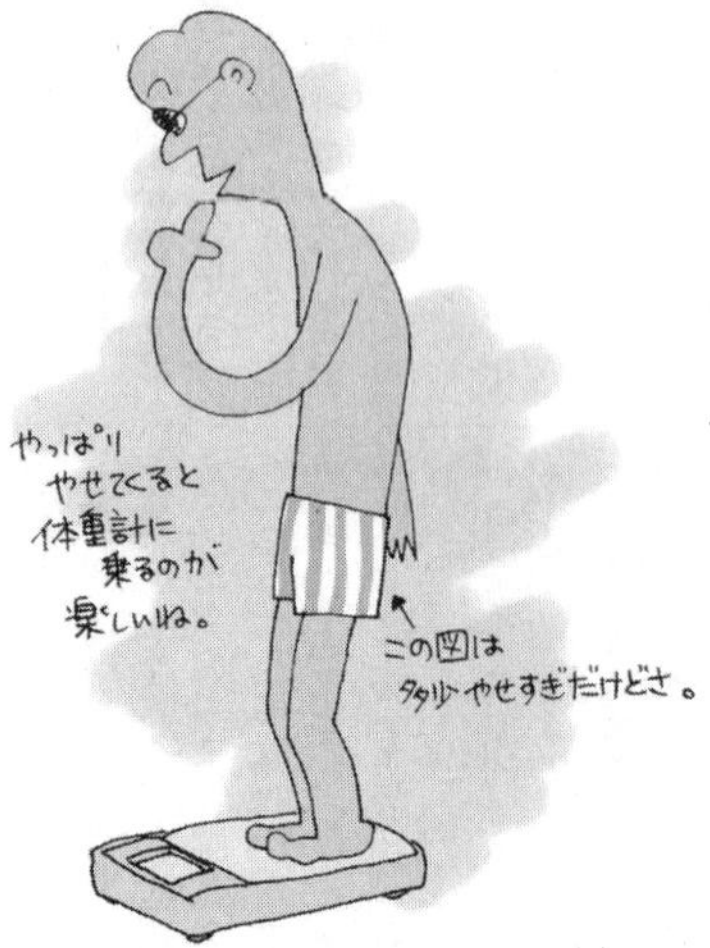
やっぱり
やせてくると
体重計に
乗るのが
楽しいね。
この図は
多少やせすぎだけどさ。

◉コレだけ分かれば充分の基礎（基礎の基礎2）

さあ、数ある自転車の中のアナタの一台を選ぼう。ホントに色々あるんだよね、自転車の種類は。

と、ここで自転車の「種類」を色々ご紹介するのが、まあ、常道なのだけど、その前に、もーう少しだけ待って。私は「ちょっと待って」が多い人間なのだ。プライベートでも。関係ない話だね。

さて、まだじっくりと吟味したいことがある。

まあ、この項目を飛ばして読んでもあんまり大して変わりはしないかもしれないけれど、読めば読んだなりに、自転車の鑑識眼は高まるかもしれない。多分高まると思う。高まるんじゃないかな。まちょと覚悟は……（何コレ？）、と、まずはハンドルから。

ハンドル

のっけから〝通〟ぶったようなことをいうと、私はあの「ドロップハンドル」ってヤツが大好き。もう中学時代からだから、ドロップハンドル歴はかれこれ二〇年以上になるんだな。その二〇年の間、コレを超えるハンドルには会ったことがない。たぶん自転車とのつきあいの長い人は、私に限らず多くがそうだ。

ドロップハンドルのいいところは、その時々の走りのスタイルによって、身体の姿勢をほいほいと変えられるところだ。

ドロップハンドルの代表格、オリンピック選手や競輪選手なんかを見ていると、必ずあのハンドルの下の部分を握っている。だから、あの超前傾ポジションだけがドロップのスタイルだと思っている人も多いと思うけど、実はそうではないのだ。あのポーズは通常の街乗りではあんまりとらない姿勢。よほどの急坂ぐらいだね。赤坂TBS裏の三分坂《さんぷんざか》のような。知らないって。

ポジションは全部で四つ。これらを使い分けることで、姿勢に変化を作ることができ、疲れも軽減する。人間あまり同じポーズを続けていると、それだけで疲れてしまうものなのだ。そういう意味でもドロップはアリなのよ。

一番、楽ちんなポジションは、ハンドルが最初にグリッと曲がっているところを持つポジション（写真①）。ちょうど

①楽ちんなポジション

②ハンドルの真ん中を握るスタイル

肩幅ぐらいの位置で、ココが一番疲れない。自分の上半身の重みを支えるのにも楽だし、それなりにスピードも出る。ただし、とっさのブレーキングがしにくいんで、よく見知った危なくない道で、だね。

もう一つのハンドルの真ん中を握るスタイル（写真②）もこれに似てる。この場合はブレーキがもっと遠いので注意。北海道なんかをのんびりとえんえんツーリングで流す、なんてときのポジションだ。

ブレーキレバーに体重を預けるような形（写真③）になるのが、一番バランスのとれたスタイルといえる。スピードも出るし、ブレーキングも迅速。私の都内での通常のスタイルもほぼコレだが、特に追い越しをかけるときなど、ハイスピードが必要なときには、このポジション以外にあり得ない。安全だし、ドロップハンドルに最初に触れた人は、まずこのスタイルに慣れるべき。

最後に来るのが、例の競輪選手のスタイルだ（写真④）。

③バランスのとれたスタイル

④ココ一番！　というときの姿勢

力が入るのでスピードが出るし、上り坂に強い。また、長く続く急な下り坂もコレだ。ブレーキが握りやすく、空気抵抗も低減する。つまりは、ココ一番！　というときの姿勢なのだ。

私の場合に限らず、ご存じの通り、実際にロードバイク、ランドナーなど長い距離をハイスピードで走ることを重視する自転車は、常にこのハンドルを装着してる。

そういう事情も含め、ドロップは、オススメはオススメなんだけどね。

とは言っても、このあたりは個々人の趣味でもあるワケで、ハンドルの形状はその自転車の見た目のスタイルを大いに左右するから、なるたけお洒落にというのはもちろんアリだ。ドロップハンドルは、もう見るからにマッチョで、乗るのに気合いが要りそうだから、と避けたい気持ちはよく分かります。ちなみに私の元カミさんもそうでありました。

と、そうなると、ハンドルはもう何でもいいのだ。

コレは別段、投げやりにいっているのではなく、ホントにそうで、フラットバー（ただの棒です）でもアップターン（ちょいと上に伸びたハンドル）でも、セミドロ（昭和の時代の青少年諸君、憶えてますか？）でも、適当にマイルドな前傾姿勢を保てるならば、何でもよろしい。

姿勢がどうしても固定されてしまうから、私などに言わせると、ちょっと窮屈かなと思うけど、まあ一〇キロや二〇キロ程度の距離ならばなんてことはない。

極端なところでは「ビーチクルーザー」という種類の自転車があって、その一部にアメリカンなオートバイのようにズビーッと伸びた種類のハンドルがある。アレは長い距離乗れません。すぐに「ケツが痛え」ということになってしまいます。

あれらの種類は、まあ、ファニーな自転車であって「こんな変わった自転車に乗ってるオレ」に満足するという種類のものだから、それでも、という向きには、別段止めはしないけどね。

ディレイラー

ディレイラー、つまり自転車の変速機は、坂道を上るときなんかに「あって良かった」と思わせる最大の部品だ。一番「自転車ってやっぱり『機械』なんだぁ」ということを認識させてくれる部分で、現代のディレイラーはなかなかハイテクで作られているんだって。

以前、シマノ（コラム4を参照）の人に聞いた話では、特にリアディレイラーは、ワイヤーの引きというただそれだけの動きで三次元の動きを作り出すため、金属のねじれ剛性なども含めて、コンピュータでバンバン解析していくのだそうだ。その結果というべきか、シマノは自転車部品の市場をほぼ独占していくことになった。コレはまあ余談だけどね。

確かに最近のディレイラーは精密に動く。むかしの「ガチャガチャガチャガチャ……、バリッ」というあの感じが、本当に低減された。最高グレードになると、「カリッ」どころか、むしろ「ニュルッ」という感じで動くんだから。音もしない。

ちなみに「ディレイラー」って、英語で"Derailer"って綴るんだけど、"Derail"って「脱線」という意味なのだ。ディレイラーによって、チェーンがギア（歯車）から脱線して、次のギアに移ってく、と、そういう意味。

さて、そのディレイラーには当然のことに「段数」もしくは「〇〇スピード」ってヤツがあって、これが二一段とか二四段だとかが、なーんにも珍しくないのだ、最近は。スーパーで売ってるMTBみたいなヤツらもみんなそう。驚くよね。二〇年以上前の「少年用スポーツ車」なんかでは五段、六段で、スゲー、ということになっていたのに、隔世の感だ。

ただ、二四段だからといって、二四枚も歯車があるわけじゃない。この段数というのは、フロントディレイラー（ペダルの近くの変速機）とリアディレイラー（後ろハブ近くの変速機）の歯車の枚数をかけたところの数字で、つまりは「歯車の組み合わせが二四通りあります」というのが二四段、というワケなのだ。

で、二四段とは、前三段、後ろ八段のことです。

ecute
Ōmiya
LIBRO LIBRO

LIBRO ecute大宮店
(048) 648-8790
平日は朝8：00より22：30
日曜は21：30まで営業
web Libro→http://www.libro.jp/

領収証

様

2007年 6月 7日(木) 9:16 No:0001

9784022615305 1920195007600
0004文庫 ¥798

小　　計	¥798
内税対象額	¥798
(内税)	¥38
合計	¥798
お預り	¥1,000
お釣り	¥202

取引No2020 1点買 0119:坂巻

前四段、後ろ六段や、前二段、後ろ一二段というのはあまりありません。というのか、たぶん世界中に一台もないと思う。

で、憶えておいて欲しいのは、この数字の大きさがそのまま性能に結びつくのではないということ。あくまで前後の組み合わせの乗数に過ぎない。

現在ではリアディレイラーはだいたい七段から一〇段、というところが標準的なところではあるのだけれど、一〇段は七段よりも高い。というのか、一〇段はちょっと特殊な高級品で、一言でいうとレース用（とは言っても最近はかなり値段もこなれてきた）。一般的には七段か、八段、九段。それでもやはり七段より八段、さらには九段の方が高くて、ディレイラーそのものの精度もいいから、まあ快適だ。

フロントはシングル、ダブル、トリプルがある。コレはほとんどの場合、乗る人の趣味、というに過ぎなかったりする。リアに較べてフロントのディレイラーは、はっきり言っちゃうと「あまり使わない」からだ（もちろんあればあったで急坂なんか威力を発揮したりもするけどね）。

だけど、最近の風潮としては、店頭で「お客を数字でギョッとさせる」ためにか、後ろ七段、前三段の二一スピードってのが大流行り、ということになった。でも、前二後九の一八段の方がはるかに高性能なのよ。値段で言っても一〇倍することも珍しくないぐらい。

で、見るべきは段数じゃなくて、リアディレイラーの歯車の大きさの差だ。

体力に自信のない人は車輪の内側の歯車がなるたけ大きい方がいい。坂道が絶対に楽になる。逆に自信のある人は、それほど大きな歯車がなくてもOKだ。むしろ小さい方の歯車が小さい方がいい。これはのんびりと流していくときに、重宝します。

とは言っても、まあ一口にいうには色々あるのですよ、ディレイラーは。

リアディレイラーの歯車の大きさの差

自転車部品の中でも一番繊細なモノだし。高いのをあげていったらキリがない。安いのはホントに安いしね。
選び方、ということでいうと、私としては「値段なりのモノを」と言うしかないと思う。あんまり安くて、しかも歯車がガチャガチャ色々ついているのは、すべてとは言わないけれど、やはりトラブルが多いから。
乗ってるときにチェーンが外れて、クランクの付け根なんかに食い込んでしまったりすることもある。というか、そういったことはその手のヤツに乗ってるウチにきちんと起こります。ついでに言うと、往々にして、さあ行くぞ、と思った瞬間に起きるから腹が立つ。

それなりに安価なものはシンプルなものを。コレはディレイラーに限らず、自転車選び全般に言えることですな。


もう一つ。ディレイラーには内装式というのもある。

ママチャリなんかで「三段変速」なんてのが大抵コレだ。外見からは「ちょっと後輪のハブ（車輪の軸）が太いかなぁ」というぐらいにしか見えないヤツ。

以前の内装式ディレイラーは抵抗が大きくて、実用にはちょっとどうかな、というのが多かったけど、最近は結構イケるのが増えてきた。特に軽い方へのギアチェンジは、外装式と較べてもさほど遜色がない。また昨今は、内装七段、八段などと多段化も進んできて、もっと普及してもいいのにと思うくらいだ。内装の場合、停車中にも変速可能なのが大きなメリットで、漕《こ》ぎ出しは、いつもロー。これは、初心者にとってたいそう便利な筈だ。

中でも「おおっ」と思わせたのは、シマノのオートマティック変速機「オートD」だった。コレは内装四段を、あらかじめプログラミングされたスピードに応じて自動的にシフトしてくれるというモノで、そのシフトの自然さにも驚いたけど、内装変速機のストレスのなさにも同時に驚いた。

現在のところ、ママチャリ以外の分野では外装式の普通のディレイラーの方が、まだまだはるかに一般的。最大の理由は、「内装式ディレイラーは絶対的な重量が重いから」だ。だけれど、私は将来的にかなり有望な技術だと思う。

ブレーキ

一番お金をかけるべき部品はブレーキだ。

多少大袈裟に言うと、我々はこの小さな部品に自分の生命を預けてる。多少なりともいいものを選びたいね。

で、このブレーキにも様々な種類があって、これまた一概に「どれだ」と言えないんだけど、まあ、昨今で圧倒的な性能を誇るのは（これまた）シマノが開発した「Vブレーキ」という種類だ。

ブレーキは大抵の場合、車輪のリム（タイヤの土台の金属の輪っか）にブレーキシューを押しつけて停まるという仕組みになっているのだけれど、Vブレーキは、軽い力でそのシューを垂直にリムに押しつけることができるメカニズムになってる。で、ホントに驚くほど強力に作動します。そのくせにそんなに高くないから、もうMTBを中心に、Vブレーキは市場を席巻《せっけん》しまくった。

ただし「ききすぎて危ない」という側面がないわけじゃない。

パニックブレーキを不用意に握ると（特にフロントつまり右レバーの方）、前輪がロックして転倒します。この辺は乗ってみての慣れでもあるんだけど、従来のものとおんなじ感覚では、多少危ないのだ。

また、従来のブレーキも、じゃあどうかというなら、私はそんなに悪くないと思う。

ロードレーサーの標準型「サイドプル」、ランドナーをはじめとするツーリング型、または山道をいく「シクロクロス」などで一般的な「カンチレバー」などは、マイルドなきき味で、「スピードを調整する」という意味ではVブレーキよりもむしろ優れている側面もあるのだ。

言わずもがなだけど、ブレーキだって基本的には「高いのはいいし、安いのはそれなり」だ。ただし、ゴムの部分、ブレーキシューは消耗品だから、定期的に交換すること。コレ

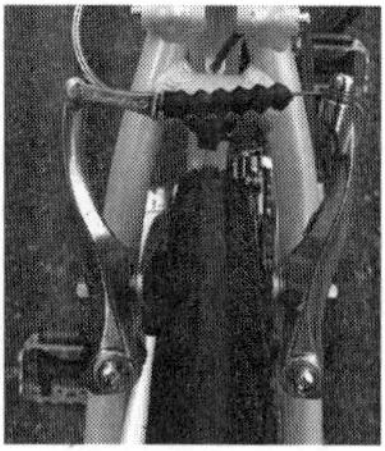

Vブレーキ

サイドプル

カンチレバー

で随分変わる。どんなブレーキでもブレーキシューが摩耗していては性能を発揮できません。放ったらかしの高性能ブレーキよりも、シューの新しいブレーキ。これまた一方の事実だ。

ディスクブレーキ

最近のちょっと高級なＭＴＢになると、ディスクブレーキが採用されることもある。いや、最近ではかなり一般的になった。オートバイやクルマと同じ形式だ。コレもきく。特に新品のときは、Ｖブレーキもかくや、と思うほど。最近はメンテナンスフリーのモノも多くて（従来、ディスクはメンテが難しかった）、これまた大いに選択肢の中に入ってくる。外見もメカニックで、カッチョいい。たぶんＭＴＢはコレが主流になっていくんだろうね、これからは。

でも、まだまだちょっぴり割高なのも事実で、同じ値段帯で考えるなら、現状のところはＶの方が若干、高性能といえるだろう。それでも、そのカッチョよさで選ぶのもアリはアリだよね。

いずれにせよ、ブレーキ全般で言えることは、形式よりもメンテナンス。

長いこと使ってると、シューが摩耗するだけじゃなくて、ワイヤーも緩んでくるし、取り付けも傾いてきたりする。その際に適切な処置がとれるかどうかだ。

うーん、そういう意味でも、比較的メンテナンスが簡単な「Vブレーキ」はやっぱり優れてるんだよなぁ。

ペダルと駆動部分

足が直接自転車と接する部分が、もちろんペダル。そして、その横でチェーンが巻き付いている丸い円盤ギアがチェーンホイール。つまり足の力をチェーンで車輪に伝える部分だね。前述のフロントディレイラーは、数枚のチェーンホイールの歯数を選択することによって変速する。

細かいことをいうなら、ペダルがくっついてる、金属の棒をクランク、そして、それらの回転部品の中心部分、フレームの中に入っている軸をBB（ボトムブラケット）という。ココが自転車の心臓部といえば心臓部なのだ。

これらの部品は自転車のエンジンたる人間の力を車輪の回転に変換する、まず最初の部分となるわけで、必然的に一番重きを置かれるのは「丈夫さ」だ。坂道で「立ち漕ぎ（ダンシングなんていう）」なんかのとき、うんと踏ん張る力をしっかりと受けとめて、ストレスなくチェーンに力を伝えなくてはならないわけで、ココに剛性感がないと、何とも頼りない自転車になる。

とは言ってもね……。ココの部分の性能なんて、正直言うと、素人目にはさっぱり分からない、実は私にも分からない。まあメーカーを信用するしかない、というより、ちゃんとしたメーカーで普通の値段ならば、そんなにヘンなモノは売ってません。

この部分の中で、チョイスが分かれるのは唯一ペダルだ。

形ということではありませんよ。形なんてのはそれこそ好みで、樹脂製のママチャリ風でも、アルミ製の昔のランドナー風でも全然構わない。靴に対するダメージは樹脂製の方がはるかに少ないんだし、まあ同じ丈夫さならば軽い方がいいかな、という程度。

考えるべきは普通のペダルでなく「ビンディングペダル」の扱いだ。

よくペダルを「踏む」という言い方がされるのだけれど、チェーンホイールにより効率的に力を伝えるには、ペダルはむしろ「まわす」といった方が正しい。ならばペダルをより効率的にまわすためには、どういう方法があるか、そこに登場するのがビンディングなのだ。

簡単に言っちゃうと、足がペダルに固定されていれば、足の力は、踏もうが上げようが押そうが引っ張ろうが、直接ペダルに伝わる。で、靴の下に金具を仕込み、その金具にペダルの金具をはめ込んで（または逆）固定するのが、ビンディングということになるのだ。

感じとしては、スキーのビンディングを考えてもらうと分かりやすい。

以前は、ビンディングの代わりにクリップが使われていた。クリップにベルトがくっついていて、そこに足先を差し込む形。私も一時期はそれを使っていたんだけど、それがより進化してビンディングになったというワケ。

単純に三割方、スピードがアップします。同時に疲れも減る。信号機の少ない長い距離を走るときなどは、自転車と自分との一体感も増すし、まことに快適……。

なんだけど、ココは好みと経験でチョイスの分かれるところなのだ。ちなみに私個人ということで言うと、現在はクリップもビンディングも使ってません。

なぜか。

一つ目は慣れないと、停まったときに危なっかしいからだ。クリップは足先をいったん引き抜いて足をつくという形になるし、ビンディングはクリッと一度足を捻《ひね》ってから着地する。

クリップ

ビンディングペダル

意識的にやるなら簡単なことなんだけど、とっさにストップ！　なんてときに、足がペダルから外れなくて、そのまま転倒、ということは多々あるのだ。「立ちゴケ」なんて言葉もあるぐらい。車道の方に倒れ込んだら、ということを考えるとちょっと怖い。

これまた要は慣れなんだけど、人によってはあまり慣れない人もいる。めんどっちいモノが付いてるなぁ、なんて思ってしまう。すまん、私が実はそうなのだ。

そしてもう一つ、私にとってこっちの方もまた重要なんだけど、ビンディングは必ず専用の靴を履かねばならない。で、コレがまたスポーツスポーツしたヤツしかないのよ。別段、最初からハイヒールで乗ろうなんて人はいないと思うけど、それにしても自転車に乗るときは「この靴しか対応できません」というのでは楽しくない。

街乗り、ちょい乗り、通勤、ということを考えると、ビンディングには考慮の余地がある。

まあペダルに関しては、あとで簡単に交換できるから、しばらく使ってみてから決めても遅くはないけどね。人によってはペダルをいくつも持ってるマニアな人もいるぐらい。

あと、沈黙の心臓部、クランクの軸たるＢＢ（ボトムブラケット）は、長ーいこと（七、八年ぐらい？）乗ってると、まれに「ピキピキ」とか「チキチキ」とかの異音を発したりするようになることがある。その際は自転車屋さんに見てもらって、直らなければ新品に交換すること。ベアリングだらけでできたこの部品は、なかなか素人にはいじれません。

チェンジレバー（シフター）とブレーキレバー

この二つが一緒のものになったのが、ここ一〇年のロードレーサーの大きな進歩なのだ。一〇万円以上するタイプのロードレーサーのレバーは、ほぼ必ずこのタイプになってる。「あ、ロードレーサーの話？ あたしゃ関係ないわ」という人は飛ばしてください。でも読んでも案外、損はないよ。

現在、ロード界の市場はこの「デュアルレバー」と呼ばれるシフター、ブレーキレバー一体型のモノで席巻されている、というか、ほぼコレしかない。その理由はありありだ。いいや、実にいい。

一言で言うと、そのまま握るとブレーキで、レバーを傾けるとディレイラーのチェンジレバーになるという仕組み。ハンドルから手を離す必要がまったくなくて、そのままますべてを操作できる。

いやー、自転車をかっ飛ばしながらコレいじってると、ホントに自分が「なんだかアスリートだぜぇ」というような気がするよ。私なんて「オレってパンターニ（故人）？」なんて思っちゃったりするからね。髪型もあって。もちろん錯覚だけど。

というのか、このレバーが付く、というだけでドロップにする意味があると思えてしまうぐらいで、どうだどうだ、ドロップにしてみない？　やだ？　そう？　ならば仕方がありません。おとなしくフラットハンドルのレバーの話をいたしましょう。

フラットにしても、最近のモノはハンドルから手を離さずに親指でカチカチというタイプばかりになった。わざわざダウンチューブ（フレームの三角形の斜めになったパイプ）に手を当てて、チェンジする必要なんかまったくない。安全面でも操作性でもなかなかいいことではある。

この「カチカチ」とシフトがキマるというのも、実はそう昔の技術でもないのだ。従来からディレイラーは非常に繊細なもので、指先の加減のみが頼りだった。カチカチとシフトの位置をあわせようとしても、なかなか思った通りのギアに

デュアルレバーの場合はブレーキレバーを傾けて変速する

シフトしてくれなくて、結構、慣れが必要だったのね。そこを（またもや）シマノのSIS（シマノ・インデックス・システム）が解消したのだ。これによりシフトチェンジが圧倒的にカジュアルになった。

とは言っても、ココの部分は精度が一番モノをいう部分。一度ディレイラー側のネジをいじっちゃうと（もしくはだんだんワイヤーが緩んできちゃったりすると）、思ったところにシフトが決まらずに困ってしまうことも多々ある。

タップシフターをはじめとするワンタッチのシフターは、キマッてるときはいいけど、一度、調整がおかしくなると、常に「ギャリギャリ……」の状態となってしまう。ディレイラーが比較的安価な場合、その状況は割合頻繁に起きがちだから、あまり予算がない人は、手元で微調整のきくグリップシフターの方がいいかもしれない。でもまあ好きずきだ。手に馴染んでデザインの好きなシフターを選んでも何ら間違いじゃない。

グリップシフター

タップシフター

サドル

自転車とより仲良くなれるかどうかを決めるのは、サドルである。と、そう言いきってしまっても過言じゃないほどにサドルは重要なパーツだ。自分の体重が一番かかる部分であって、特に初心者であればあるほどそう。ケツ・フレンドリーなものを選びたい。

スポーツタイプのサドルは「痛い」から。

コレはホントのことで、ちょっといい自転車を買ってみた初心者が「痛いからやだ〜」と最初に言い出すのは、脚でも腕でもなく、ケツ。コレは誰にとっても事実だ。

こればかりは出来合いのサドルじゃなくて、専門店に行って、自分の好みで選んでみてもいいかもしれない。たくさん種類が出てます。色々刺繍《ししゅう》があるヤツとか、派手派手な色のとか、普通の黒いだけのサドルしか知らない人にとっては、見てるだけで楽しいよ。

その中で、硬くて細い（あ、タイヤと同じだ）ロードレーサー用のサドルじゃなくて、柔らかいモノをピックアップしてみよう。革製のカッチョいいのもあるけど、アレも硬いから気をつけてね。最初のうちはとっても痛い。

専門店で大体三〇〇〇円（結構高いよね）ぐらいから。ゲル入りのモノなどは比較的オススメ。柔らかくて。

それと最近多いのが、真ん中に縦の溝が入ってるタイプ。これは尿道から肛門部（ここが一番圧迫があるところだ）にプレッシャーを与えず、両臀部《でんぶ》のみで体重を支えようと目論《もくろ》むサドルで、最初のウチは少し違和感があったりするけど、慣れると快適きわまりないです。流行りということだけでなく、私にいわせても、目下のところコレが一番オススメだ。コレが標準でついてる自転車だといいのだけれどね（この間、自宅近くのホームセンターで、このサドルが単体で売られているのを見たぞ。フツーの顔して二六〇〇円。結構安くなったね）。

溝つきサドル

慣れるまでは「ママチャリのサドルに替えてしまう」という荒ワザもある。

格好はあまりよくないけれど、実はこれ、隠れたオススメ手段。ママチャリのサドルは格段に安いし（八〇〇円程度から）、バネがきいてて、スポーツサドルとは比較にならないぐらいに柔らかい。必然的にぜーんぜん痛くない。そのままで乗ってるもよし、またはフワンフワンと前傾姿勢で乗ってるウチ、しばらく経って、もうちょっとカチッと決まるサドルはないかな、と思いはじめるもよし。導入としてはママチャリサドルは優れています。

いずれにせよ、自転車に乗る生活、というのに慣れてくると、ケツの痛さなんて、いつの間にか忘れてしまうのも事実だ。何度も言うけど、要は慣れなのだ。そして慣れが一番あらわれやすいのが、サドルであると言ってもいい。

ちなみに私が愛用しているのは、プラスティックに若干の綿と布が巻いてあるだけのタイプ。だけど、すでに慣れちゃったんで、毎日何キロ乗っても痛いなんてことはなくなってしまった。

あとに残るのは力を入れやすい細いシェイプと、軽さ。それでいいのだ。

フレーム

そして最後にフレームだ。

自転車を選ぶということはフレームを選ぶ、ということとほぼ同義で、そもそも自転車のタイプによってまったく違う。なので、その部分は別項に譲るとして、ここでは材質などのことについて少々。

値段で言うと、スチールつまり鉄の「①ハイテンション鋼」、同じくスチールの「②クロームモリブデン（クロモリ）鋼」、そして「③アルミニウム」、「④チタン、カーボンなどの新素材」の順にだんだん高価になっていく。

このうち現在全盛なのは、アルミニウム製のものということになって、最近は随分安いモノも出回っている。アルミニウムは軽いことが最大の利点なのだけれど、若干、鉄に較べて剛性が落ちる、つまり弱い。そこが欠点だった。

さらには「しなり」つまりショックの吸収という意味でも、少々弱い側面を持つ。要するにカチカチな乗り心地になってしまいがちだったのだ。

ところが最近になって、そのアルミニウムの加工技術が格段に向上して、乗り心地という意味でも随分スチールに迫ってきた。そうなると軽いという利点が圧倒的で、アッという間にスポーツ系の自転車ではアルミが当たり前になってしまったのだ。

最初の①ハイテンション鋼というのは、つまりは普通の鉄。多くの安いママチャリなどが採用しているのも大抵の場合コレで、加工もしやすく安価だけれど、とっても重い。コレはちょっと無視して考えた方がよろしい。

それから、カーボン、チタン、さらにはスカンジウム、ニオブなどの新素材は、とっても高価なので、それらは例によって病膏肓状態になってから考えて下さい。レーサーたちはフルカーボンにしたり、あるいは、それぞれの素材の利点を生かして、フォーク（前輪を支える部分）にはカーボンで、シートステー（後輪を支える部分）にはチタンなど、それをアルミ素材に組み合わせてハイブリッドなバイクとしたりする人もいたりするのだけれど、そんな自転車は街で気軽に停めたりすることができません。

初心者が比較すべきはアルミかクロモリ、この二つだ。

クロモリは長いことフレーム素材としては最優秀とされていたもので、以前はホントにコレしかなかったと言っていい。

鉄とクロームとモリブデンの合金で「強くてしなる、おまけに加工しやすい」という大きな美点を持っていた。強いということは、必然的にパイプの肉厚を薄くすることができるために、軽いということにも繋《つな》がり、まあ、これにまさるものはない、最強の素材だったのですよ。

現在でも衝撃を吸収する柔らかな乗り味については、アルミに較べて一日の長があり、だからして、自転車はクロモリ鋼に限る、という人がまだまだ存在するのにもそれなりの理由はあるのだ。特にクラシックな趣きの自転車は、クロモリを選ぶことが多い。また強度があるから、フレームのパイプを細く設計することができて、華奢《きゃしゃ》ながら強い、洒落た自転車を作りやすい。さらにアルミよりも若干安い、というのも事実だ。

コレに対してアルミの方には、圧倒的に「軽い」、という正義がある。

乗り味も最近はクロモリに迫るモノがあって、現在のアルミ全盛時代に至るというワケなのだけれど、ただ、ちょっと頭に入れておいて欲しいのは、同じアルミニウムでも、そこには、ものすごく幅があるということなのだ。

一言でアルミと言っても実はこれまた合金で、マグネシウムや亜鉛などを加えて熱処理される。六〇〇〇系、七〇〇〇系、と呼ばれるいわゆるジュラルミン（航空機素材に用いられているようなヤツだ）や超ジュラルミンなどから、とにかくアルミニウムでございます、というようなモノまで色々だ。あまり安い素材の場合は、剛性を補うために、パイプを肉厚かつ太く作らざるを得ず、結局のところ総重量は重くなったりもする。

特に低価格帯では、軽ければ弱くて、強ければ結局重いということになったりするため、アルミだから必ず鉄よりも優れているとは言いがたいのだ。

だから、一〇万円以下の価格帯では、アルミだから、クロモリだから、ということに絶対的な基準はない。あとは趣味。アルミだぜ、と言いたい人はアルミを選ぶもよし、スリムで素敵、とクロモリを選ぶも、これまた正しい。

まあ、そうは言っても、結局のところアルミフレームは、やはりクロモリで作ったフレームよりも軽めなのも確かだ。軽いということは、こと自転車においては圧倒的に正義なので、現代において特別な好みがない場合は、こちらを選ぶ方が、無難は無難だともいえるのも一方の事実ではあるけどね。

〔コラム――4〕シマノという現実

(株)シマノというのは、自転車好きならば避けて通れない現実である。

私の自転車のフレームを作ってくれた、今は亡き足立の自転車オヤジ長沼義雄氏は、このシマノという会社が嫌いでね。「オレはシマノ主義が嫌いだ嫌いだ」と言いつのっていたのを思い出す。何でそこまで嫌うのかは、ちょっと分からない部分もあったけど、この人はホントに超判官贔屓《ほうがんびいき》の人だったんで、この自転車業界の巨人が、巨人という、それだけで嫌いだったんだろう。

でも、その長沼氏にしても、自転車屋さんだったから、結局はシマノを組まなければ仕事にならなかったのだ。

自転車業界というのは、世にも珍しい業界であって、完成品のメーカーよりも、部品のメーカーの方が大きい。それも比較にならないぐらい。

その部品メーカーの世界最大手企業が、大阪堺市にあるこのシマノなのだ。国内自転車業界においても、唯一の東証大証一部上場企業である。

ディレイラー、ブレーキから、ハブ、クランク、ホイールにいたるまで、シマノの規格がすなわち世界標準規格となる。ロードバイクジャーナリストの菊地武洋氏の言を借りると「シマノは自転車界のマイクロソフトである」。この言葉は実に現状をよく表している。

創業は一九二一年。たった一台の旋盤でシングルフリー(後輪の一枚ギア)を作ったのが始まりだった。その後、内装式のディレイラー、ハブ、などと手を伸ばしていって、いつしか自転車部品の大帝国を築き上げた。世界中の自転車部品シェアが推定でおよそ六割。コレはやはり恐るべき数字だ。

実はこの寡占状態になるまでには、国内にも色々な部品メーカーが、それなりのシェアを誇っていたのだ。ディレイラーにはサンツアー、ブレーキはダイヤコンペ、クランクはスギノなどと、いずれも専業の名門メーカーがあった。そのいちいちがシマノに敗れ去っていったのは、何といっても「コンポーネント」という概念を打ち出されたのが大きかった。

この「コンポ」というのは、部品単体をそれだけで作るのではなく、それぞれの規格をリンクさせ、ブレーキ、ディレイラー、クランク、などなどを一括、同じシステムの中で作って売ろうというモノだ。合理的で生産性も上がる。コレが当たった。

別項にあげた「ブレーキとディレイラーを同時に操作するシフター」などは、これの最たるモノで、もともとナンバーワンメーカーだったシマノがこのシステムを採用したものだから、他社はひとたまりもなかった。高性能部品はシマノの部品で、シマノの部品を採用したければ全部シマノで組まないと自転車が成り立たなくなってしまったのだから。

成功の理由はもう一つあって、それは早い時代にMTBに目を付けたことだった。アメリカでの流行当初「コレはイケる」と思ったシマノは、鹿のマークの「デオーレ」コンポをいち早く作ってしまった。ヨーロッパの名門メーカーが「そんなのは一時の流行に過ぎない」とタカをくくっていた頃だ。彼らにとっては、あくまで「ロードバイクだけが正当」だったのだ。それが彼らの首を絞めた。

現在、シマノとマトモに張

り合うことができるのは、イタリアの名門「カンパニョーロ社」だけだ。このメーカーは何といってもディレイラーを世界で最初に作ったメーカーで、その造形の美しさや技術にはシマノですらかなわないところもある。

　だが、ちょっと詳しい人なら誰もが知っているとおり、同じ値段帯のモノを較べると、カンパはシマノに到底かなわない。同時に「新商品開発」

ということに関しては、一日の長、どころか、逆立ちしてもシマノにはかなわないのが現状だ。

　シマノの凄味は「誰が使っても同じ性能が得られる」というところにある。職人技や超人芸を一つも必要としない。同じようにハイ・クォリティのものを、安く大量にシステマティックに生産してきた。その姿は日本のあらゆる工業がたどった道とまったく同じだ。そして自転車人口の裾野を大いに広げたのも事実だろう。

　だが、同時にシマノの通ってきた道には、倒れたメーカー各社が死屍累々と転がっているのも一方の事実だ。

　資本主義市場経済の中、それは仕方のないことなのだろうけど、この会社のことを語るときに、誰もが一抹の寂しさを感じるのも仕方のないことだと思う。

アナタの自転車部品にもきっと見つかる
「SHIMANO」のロゴ

3章

自転車を選ぼう

いわゆる「自転車」の定義って何だろう?
たぶん「人力を動力とする二輪車」というようなところが
妥当な線だと思うのだけど、何とも広いくくりだよね。
だからというべきか、実際、ホントに自転車の種類はたくさんあるのだ。
「流行り廃り」だってドラスティックな形で存在する。
昔、リトラクタブルライト付きの少年用スポーツ車が欲しかったって?
あ、アナタ、私と同じ世代ですね。
さすがにそれはなくなってしまったけれど、
24段変則も、ディスクブレーキも、サスペンションも、
以前とは段違いの性能を揃えて、ショップであなたを待っています。

さあ、待たせたっ。そろそろホントに自転車を選ぼう。

予算と相談、使用目的と相談、カタログを見つつ、何ごとでもそうだけど、悩ましくも楽しい悩みだよね。うー、ピカピカの自転車がアタマの中を点滅しながら往きすぎていく。自転車のカタログムックは出版各社から多種多様に出ているから、美しい写真とともに悩んでみることだ。

ビアンキ（伊）のチェレステブルー（白の混じった緑のような青）に憧れるもいいし、スペシャライズド（米）のマッチョなサスペンションに惹かれるもいい。ジャイアント（台）は無類のコストパフォーマンスを誇るし、日本のブリヂストンもミヤタも、なかなかアグレッシブだ。

知ってる人には言わずもがなかもしれないが、自転車には以下にあげるがごとく、様々な種類がある。自分にあった自転車は果たしてどれか、実際にショップで乗り較べてみるもありだし、最初からコレが気に入ってるのぉ、コレって言ったらコレなのぉ、だってアリだ。

リカンベントに代表される「ちょっと変わった自転車」だって、これから先、大いにブレイクする可能性がある。ちょっと前のフォールディングバイク（折り畳み自転車）ブームがいい例だね。

憧れ？のビアンキのチェレステ

とは言っても、自転車を何に使うかによっては、コレしかない、ということもあるのだ。たくさんの荷物を運びたい、という人がロードレーサーを買っても、これはやっぱり無意味だからしてね。

さあ、それぞれを見ていこう。

大体自分に合ったのはコレだ、という見当をつけたら、その後に必要なアクセサリーも決まってくる。病膏肓に入ると「何台も持ってるよん」という人も珍しくなくなって来るんだけれど、本書はそこまでは勧めない。一台でアナタの要求をなるたけ満たしたい。

一期一会、自転車生活の伴侶ということでピッタリのものを見つけてみようじゃないか。

突出した性能を持つ自転車がいいか、中庸を取ったものがいいか、一概にこうだと言い切れないところが面白いところだ。

◉ドロップハンドル系

ドロップハンドルを採用するのには二つの理由がある。一つ目はなるたけスピードを出すこと、もう一つはなるたけ長く乗ることだ。必然的にレースとツーリングの二つの用途が中心となる。

ロードレーサー（ロードバイク）

究極の自転車と言ったら、何をおいてもロードレーサーに指を屈せざるを得ないであろう。

軽いフレーム、細いタイヤ、パンパンの空気圧、前傾の乗車姿勢、何から何までが、舗装路をいかに速く走るか、という一点のみを目的として作られている。速く走るために必要ないものは何一つ付いてない。機能美という言葉はこの自転車のためにある。

スピードという点では、他のどの種類にも優るものはなくて、最近のメッセンジャーたちが、次々とＭＴＢからロードに乗り換えている理由もそこにある。

ただし、スピードと引き替えに、失ったものもあるから、その辺は要注意だ。

ロードレーサー

正直言って乗り心地は悪い、というより硬い。路面がラフだと、それが即、サドルの突き上げに繋がってくる。が、それはサドルを吟味することと、慣れとで、ある程度は克服できると考えよう。

残念なことは、ロードは多少値段が張るということだ。

一番最低のランクでも一〇万円弱。コンポーネント（部品の組み合わせ）に、それなりのものを使ったり、フレーム素材がちょっといいアルミ系だったりすると、すぐに一五万以上になってしまう。それどころかカタログをめくっていると段々、何だか「やっぱり三〇万円ぐらい出さないといけないのかなぁ」なんて気分になってくる。それを自分の中でどう評価するかだ。「何だ、クルマに較べると激安だ」と思えるか「何でたかが自転車に一五万？（二〇万？　五〇万？・）」と思ってしまうか。

重さにして一〇キロ弱、それ以下になるとどんどん高くなる。タイヤは、街乗りという目的を考えると、チューブラー（タイヤがそのままチューブになったタイプ。パンク修理がきかない）でなく、ＷＯ（普通のチューブ入りタイヤ）タイプがオススメ。現在はＷＯタイプにいいのが出揃ってきて、主流は完全にこちらに移ったということもあってね。ただ同じ細タイヤで較べると、チューブラーの方がハイプレッシャーとの相性がよくて、必然的にパンクが少ない。そういうことを知った上で、あとは例によって好みだ。

トライアスロン

コレはロードレーサーからの派生系モデル。ロードと内容はほとんど変わらないけれど、特殊なバーが付いてて、ハンドルに肘《ひじ》をつけることができたりで、素人目には「カブトムシみたいなヘンなハンドルが付いてるなぁ」という感じ。長距離のライディングに楽なようにできているのだ。

レース中の扱いが過酷なために、耐久性も考えられている。若干ホイールベース（ハブとハブとの間の長さ）が長くて、直進安定性に優れているとされる。けど、素人にはあんまりよく分からないよ、ロードとの差。実のところはね。ハンドルが若干遠いかな、と感じる程度。

何よりトライアスロンモデルは値段が高い。
本当にトライアスロンに使う人以外に関しては、あまり考えなくてもいいモデルかもしれない。

スポルティーフ

コレまたロードレーサーからの派生系モデル。最近はあまり見なくなってしまったけれど、私個人としては、結構使える魅力あるモデルだと思う。というのか、現代だからこそ使いやすいのになぁ、と個人的に復活を願うタイプ。

スポルティーフは、つまりは安価なロードレーサーにドロヨケをつけたものだと考えていただければよろしい。タイヤも細く、重量も比較的軽い。「スピードを出しての街乗り」を考えた自転車なのだ。雨の日や雨上がりなどにも比較的快適に走れるし、リフレクター、ダイナモライトなども、モデルによっては標準装

スポルティーフ

備となる。フロントには小型のキャリアが付いていて、フロントバッグをくくりつけることができる。短いツーリングには便利だ。

スポルティーフは、若干「古いモデル」とされていて、現在でも変速レバーがダブルレバーのことが多い。ダウンチューブに付いた金具をちょこちょこと動かして変速するタイプね。あんまり格好はよくないけれど、構造が簡単だから、故障しにくいし、故障しても簡単に直せる、という利点がある。

あんまり種類がないけれど、値段もリーズナブルだし、隠れたオススメ自転車かもしれない。

ピスト

トラックレーサーとも言う。つまりは競輪選手などが乗る自転車。

ロードレーサーよりも究極だ、と言ったら確かにそうだけど、まあ一般的にはほとんど使えない。

何しろ変速機がない。激重のギアが一枚っきり。さらにはフリーホイールがない。コレはどういうことかというと、走っている最中にペダルを止めたり、後ろに回したりが、できないのだ。まったくの固定ギア。だから極端な話、バックすることだってできたりする。

街乗りのために、前後にブレーキを装着したピスト

必然的にブレーキも装着されていない。

ペダルは常にフル回転。競技場内を全力疾走し、別の選手と駆け引きし、トラックで勝つためだけに考えられた自転車。

面白いことは面白いけれど、公道利用はまったく考えられてないので、競輪選手になりたい、オリンピックを目指す、などという人以外は、この自転車を買わないように。


……と、この本の親本（単行本）が出た二〇〇一年には書いた。ところが、文庫版となった〇七年、このピストが巷《ちまた》で大流行だ。ホントに「時代」というものは、何を選ぶか分からない。東京の表参道や恵比寿などオシャレな若者が多い地域では、現在、このピストが猛スピードで車道を疾走している。

私ヒキタは「よくやるなぁ」と思うが、だが待て、若者よ。ピストは確かに楽しいけれど、そのままじゃ停まれない。700Cの慣性モーメントを、あの程度の長さのクランクと脚力で制御できるワケがないのだ。よしんば停まれたとしても、後輪がロックするだけで、前方に滑っていってしまう。危険この上ない。シングルスピードも固定ギアもいいが、せめて前ブレーキだけは付けよう。

競輪の選手たちだって、トラック内でしかノーブレーキ・ピストは用いないのだ。一般道でトレーニングする際には、きちんと前後ブレーキを装着している。

何より、ノーブレーキ・ピストは道路交通法違反である。

整備不良で逮捕されてもしらないぞ。

ランドナー

これまた化石になってしまったようなドロップハンドル自転車。ただし、このタイプは格好は似ているものの、ロードレーサーの派生系ではないので注意。

頑丈なクロモリフレームに頑丈な部品を組み、太めのタイヤを履く。変速機も最初からダブルレバー。

たくさんの荷物を載っけて、ゆっくりとどこまでも走っていこう、という「旅の自転車」がコレなのだ。

ランドナー

以前は日本国内でもたくさん見ませんでしたか？　荷物を前輪後輪のサイドにくくりつけて日本一周などをしてしまう「サイクル野郎」な大学生たちを。彼らの御用達が、このランドナー。そうでなくても、二〇年ばかり前のいわゆる「サイクリング車」っていうのはみんなランドナーだったのですよ。「ロードマン」とか「ユーラシア」とかね。知らない？　あ、そう……。時は過ぎたのね。

確かに現在ではあまり見なくなってしまいました。私としては少々寂しく感じてるのだ。

現在、中高年の自転車回帰などもあって、若干復活の兆しは見えるものの、まだまだマイナーということに変化はない。

小規模の名門オーダーメーカーと、大メーカーの一部が細々と作っているばかりで、ランドナー不遇の時代なのだ。

ただし、このランドナーが廃れていった原因は、あながち分からないでもない、とも思う。

日本一周、もしくは世界一周（ちゃんといるのですよ、そういうガッツな人たちは）などに使うには、頑丈で荷物のたくさん載るランドナーしか考えられないけれど、通常の街乗りが主体である場合、このモデルはマッチョすぎる。すなわち重すぎるのだ。

実は私自身もランドナーからロードやクロスバイク（後述）に乗り換えたとき、あまりの軽さ、スピード、軽快さに目から鱗が一〇枚ほど落ちたことがありました。つまりランドナーは、これらのモデルと比較すると鈍重なのだ。

特にオススメはしないけれど、長い旅に出るのであればワンアンドオンリー。街乗りで使ってたときにも「いざとなったらこのままどこか旅の空だ」というなにがしかのロマンがあったような気がするな。すまん、私は個人的には、今でも大好きなのだ。

なお、キャンピング車、ツーリング車などと呼ばれるものは、みなこのランドナーの変化系。バッグをくくりつけるキャリアを、どのような形でつけるかで、または、より強度を重視する場合にシートステーの溶接の仕方が違ったりして、名前が変わるだけだ。

◉オフロード系

何と言っても現在の「自転車ブーム」に最初に火をつけたのはコレだ。いわゆるマウンテンバイク（MTB）。価格も種類も多岐にわたっていて、選択肢が多い。見た目もメカニカルで実にカッコいい。舗装道路でないラフな道を乗り越えるべく、タイヤはデコボコ。でも、あくまで街乗りだけを考えた「なんちゃってMTB」のようなものもあって、用途は多岐にわたる。

また、本書であまり触れていないサスペンションが付いていることも特徴で、実は街乗りにサスペンション（特に前サス）はかなり有効。

とりわけ、太いタイヤは歩道への乗り上げ、荒れた路面でも楽々で「コレさえあればどこでも走れるぜ」という感覚が、やはりヒットの原因なのだなぁと思わせる。

ダウンヒル

一番マッチョなMTBがコレだ。前サスペンション、後ろサスペンションで足を固め、ものすごく頑丈なフレームを持つ。ディスクブレーキも大抵、標準装備されていて、そのメカメカメカニカルな外観は「コレってオートバイ？」と思わせるほど。

そもそも、ダウンヒルバイクはオフロードの下り急坂を、ドドドオッと駆け抜けていく（最高速は時速七〇キロにもなんなんとするのだ）レース用に作られたモノで、そのハー

ダウンヒル

ドなレースに耐えるべく、頑丈命の作りとなっている。価格も高く、一からパーツを組み上げていくと、驚くなかれ五〇万円、なんてのもまったく珍しくない。最低でも三〇万円弱。

また、下り坂を降りるためのレース自転車であるため「軽さ」がそれほど重要視されない。で、必然的に重い。一五キロを超えることも少なくなく、ママチャリと同じか、もっと重いということも、割合普通だ。

ホントに街乗りに向くかなぁという気もするけれど、その外観のインパクトと、サスペンションの快適さから、コレを街乗りに使う人も多い。実際に街で見かけると「オオッ」もしくは「ギョギギョッ」というスゲーナー反応を誰もがする。

注意が必要なのは、盗難だ。

人気があって見た目が派手、おまけにホントに高い

クロスカントリー

から、盗む不逞《ふてい》の輩《やから》も非常に多い。カギ、置き場の吟味はもちろんのこと、それよりなにより常に室内に置いておくことを心がけよう。そーゆーことを考えても、街乗りに向くかなぁ?

スラローム/クロスカントリー

ダウンヒル以外のオフロードレース用MTBが、この二種類。

スラロームはコブだらけの山道をジャンプにジャンプを重ねて走破するダイナミックな滑降競技で、クロスカントリーは、アップダウンの山道をゴリゴリ走破するお馴染みのヤツだ。

両車ともに見た目はほとんど同じで、多くの場合、サスペンションは前だけ。スラロームの方が若干、車体に与える影響がハードなために、サスのストロークが深めにとってある。

一〇万円台中盤ぐらいからで、これまたかなりお高い。

ただし、次の項目の「フリーライド」よりはシャキッとスポーツバイクしているのは、まあ、当たり前といえば当たり前だ。クロスカントリーは「道なき道、走れないところは担いで行く」ということを前提としているので、軽く作られているというのも美点の一つ。

最近は後サスが付いているタイプも多くなった。

フリーライド

一番、一般的なMTBで、価格、種類、モデルの数も一番多い。街中で見かけるMTBのほとんどがこのタイプになる。用途も多く、乗りやすく、値段も割合にこなれている。オススメバイクの一つだ。

改造もしやすく、部品もたくさん。楽しみの多い自転車といえる。

前後にサスペンションが付いているタイプと前だけサスペンションタイプがあるが、コレは必ずしも前者が高級とは言えず、軽量化と、ペダルを踏むときの力の「逃げ」を考えると「前だけサス」というのはかなり整合性があるのだ。実際に後サスは「なんちゃってダウンヒル」という意味合いが強く、まあ、その格好とフワフワの乗り心地にそんなにこだわりがなければ、前サスだけの方が、同じ値段の場合、いい自転車であることが多い。

フリーライド

最近ではかなり軽量化の進んだモデルもあって、一三キロ前後で一〇万円以下、前サスペンション付き前後シマノ製二四段変速、なんてのはかなりリーズナブルと言っていいと思う。同時にその程度のグレードのフリーライドバイクは、各社にとっての一番のボリュームゾーンでもあって、熾《し》烈《れつ》な販売競争が行われてる部分だ。よって、お買い得モデルも多い。

レースなんて考えてないよーん、あくまで街乗りだけどＭＴＢがいいんだ、カッチョいいじゃん。という人は迷わずこのタイプを選ぶといい。

値段の幅は色々。ホームセンターなどに行くと最低は二万円程度（！）からある。

ただし、だいたい五万円以下のものは「ＭＴＢルック」「ＭＴＢモドキ」というヤツで、実際オフロードには使えない。さらに重量も考えた上で選ぼう。特にこのカテゴリーは、激安イコールとんでもなく激重だ

BMX

ったりするからね。

BMX（バイシクルモトクロス）

オフロード系と言うより、もはやストリート系。一言で言うと「曲芸用自転車」がコレだ。

本来はMTBよりも年少者向きで、特設サーキットを走るレース車として生まれたのだけれど、ちっちゃくて扱いやすいこと、頑丈なこと、ギア一枚、サスなしの単純性から、いつの間にか飛んだり跳ねたり回ったりの曲芸自転車となった。

前ハブ、後ハブに足を乗っけるための太い金属棒が付いていたりして、操るポジションは自由自在だ。その華麗な競技を見ていると、自転車というよりもスケートボード、ローラーブレードの仲間という気すらしてくる。

日常の街乗りに使っている人もいなくはないけれど、

まああまり一般的とは言いにくい。街乗り向きのスピードがまったく出ないから。通常の自転車と違った用途の自転車。五万円程度で案外ビシッとしたモノが買えて、リーズナブルではあるんだけどね。

◉シティサイクル系

「シティサイクル」というジャンルは、あってなきがごとくだ。とにかく街乗り用の普通の自転車のことをシティサイクルというのだと思っていただければ間違いはない。ただ、そうは言ってもバカにしたものじゃないのだ。シティサイクルの代表格「ママチャリ」も、最近はいいものだと、大進化していて、そのスペックには驚くばかりなのだ。

涼しい顔をしてシティサイクルに乗ってるのに、あれぇ、メッセンジャーとスピードがおんなじだぁ、なんてのもちょっとカッチョいいぞ。あんまり考えにくいけど。

ママチャリ

シティサイクルの代表格は何といっても「ママチャリ」であろう。正確には「婦人車」「軽快車」などという。

ただし、ここではホントに「普通のママチャリ（一万〜二万円前後）」について書いても、あまり意味がないので、五万円弱でママチャリを選ぶとどういうことになるか。

ママチャリ規格は、まったくのジャパンオリジナル。「歩道を走ってもよろしい」という日本の交通政策が生んだ「遅きに徹した」自転車である。だが各社が鎬《しのぎ》を削った末、現在では、スピードも含めて思いの外スゴいことになっている。

まずは、現在各社が一番力を入れている「軽量に徹したママチャリ」という存在がある。アルミフレーム技術をママチャリに応用して、一二キロ程度に重量を絞り込む。ドロヨケ、チェーンケース、フワフワサドルなども含んでの重量だから、驚くべき軽さだ。

これが大抵の場合、内装四段変速、700Cタイヤなどを採用したりしているもんで、あれあれ結構速いのだな、これが。どっかりサドルの乗車ポジションは、紛《まご》うことなきママチャリスタイルだけど、先に書いたミニ改造を施せば、マイルド版クロスバイク（後述）と言えなくもない。

またチェーンを排し、ゴムベルトで駆動力を伝える形式のものもある。ペダルがマイルドで、しかもチェーンと違って潤滑油を必要としない、すなわち、どこも汚れない。カムシャフトを用いてチェーン、ベルトの類を一切なくしてしまったものすらある。

いずれも「手軽」「服装を選ばない」「シティユースのどこでも使える」などに徹した結果生まれた美点だ。チェーンケース、スカートガードなど「アタシには必須よね」のものも多く付属する。

ママチャリにありがちな内装式変速機も最近の進歩はスゴい。

以前は外装の変速機に較べて、どうしても抵抗が強く「軽い側にシフトしても、なんだ重いじゃん」ということが多かったのだけれど、最近のものはどうしてどうして、シフトのショックも少ないし、抵抗も外装式のものとあまり変わらない。こいつぁスゲーと思わせるに充分だ。こうなると内装式のメリット、汚れない、メンテナンスフリー、シフトショックが少ない、停車中も変速できる、が、俄然《がぜん》、急浮上してくる。

また内装式変速機の進化モノ「オートマティック」も、実は隠れたオススメで、その自然さには「コレの向こうに未来はある」と思わせてくれる。ただ「オートマは故障が直しにくいからねぇ」という自転車専門店の人の証言もあるので、一応は注意。

さらに言うと、ママチャリの場合は、最初っから付いているアクセサリーに「コレは」と思わせる便利ものが多いのも魅力だ。

暗くなると自動点滅するLEDライト、ハブダイナモ、ハンドルが動かなくなったりサドルが傾いたりの盗難防止カギ、キーレスエントリー、前カゴ、スタンドなどなど。

「何だかんだいっても、結局はママチャリかしらね。考えてみればコレこそオールマイティよ、どこでも乗れるし」と感じる向きは、軽量高性能ママチャリを買うことは、大きな選択肢となり得る。

事実、私の知り合いの大手自転車メーカーのエンジニアは、この軽量高性能ママチャリで毎日の通勤をこなしている。

「でも、なんつうの、スタイルに夢がないよなぁ、所有する喜びがない」という自転車ファンの声もあるにはあるんだけどね。

クロスバイク

最近、急成長の分野がこのクロスバイクだ。メーカーによっては、ハイブリッドバイクとも言う。

要するにMTBとロードバイク、さらにはママチャリのいいトコ取りをしたのがコレで、クロスオーバー・バイクというのが語源。シティユースにはオールマイティと言えるかもしれない。

タイヤサイズは多くの場合700C、細めのスリックタイヤを履く。ポジションは軽い前傾姿勢で、気軽であり、なおかつ疲れにくい。スピードもかなり出るし、前サス付きのモデルも多いために、歩道乗り上げなどが楽々だ。ママチャリと同じように、格好を気にせず乗れるし、前後一六段、二四段程度の外装変速機が付いていて、坂道などもスムーズだ。

クロスバイク

値段も四万〜一五万円というところでなかなかリーズナブル。八万円も出せば、かなり満足のいくクロスが買えるはず。

ママチャリとは違ったカッチョイイ自転車、でもあんまりハードな自転車はヤダなぁ、という向きには最適で、街乗り自転車の王道は結局のところこのタイプだと私は思う。

毎日の「自転車生活」と銘打った上では、一番のオススメはずばりコレ。誰が乗ってもそこそこの満足は得られるはずだ。

ただ裏を返せばクロスバイクの特質は「何をとっても中途半端」ということでもあって、将来的にはオフロードをやるぞ、スピードに挑戦するぞ、などの思いがある人は、それぞれの自転車のエントリー機の方がいいかもしれない。これまた一方の事実ではある。

電動サポート自転車

コレもまた最近、急成長の分野。エコなイメージもあるし、技術の進歩で、最近は格段に安く、軽くなった。

ただし、私はよほどの運動不足の人か、お年寄り以外にはあまりオススメしない。

確かに漕ぎ出しのスムーズさはすごい。一度でも乗ってみれば分かるけど、「ジーッ」というモーターの音とともに、あたかもペダルがスイッチであるように、ツルーンと走り出していく。

だが、その電動サポート力は、スピードがのるにつれて、消えていくのだ。

これは「時速二五キロ未満のサポート」という、警察庁によって決められたレギュレーションに理由がある。

漕ぎ出しのサポートは一対一。だが、時速二五キロでそのサポートをゼロにしなくてはならない。そこにいたるまで、スピードが速くなるのに応じて電動サポートは、少しずつ漸減させなくてはならないのだ。

これは、従来の自転車の乗り方、すなわち「歩道をゆっくり行く」ためには整合性があるかもしれないが、車道をそれなりのスピードで走るためには何とも不合理な話で、なんとなれば、最高スピードが時速二〇キロ程度に制限されているのと同じだからである。電動サポート自転車はいくら軽くなったとはいっても、バッテリー、モーター、駆動系の部品などの重さは無視できず、それがママチャリというもともとの重量物に搭載されている。よって、時速二〇キロ以上になると、その重さのディスアドバンテージの方がはるかに大きく、要は、時速二〇キロ以上になると「普通のママチャリ」の方が、有利なぐらいなのだ。

確かに坂道をゆっくり上るには楽で、車体も従来よりは軽く、バッテリーも長く持つようにはなった。電動サポート自転車は日々進歩してきた。だが、電動サポート自転車という存在そのものに、どこか無理があると、私には思えてしまう。

私ヒキタは、コレを買うならば、同じ値段を出して、クロスバイクもしくは軽量高性能ママチャリを買った方がいいと思う。少なくとも時速二五キロが普通に出るはずだ。そしてその二五キロ前後こそ、自転車が最も楽しく軽快に走ることができるレンジなのである。

知らず知らずのウチに運動になる。これは確かにこのタイプの自転車の美点かもしれない。だが、その乗車姿勢はどうしたってママチャリタイプであって、長い距離を走れない。つまりあまりカロリーは消費できないので、そのつもりで。

そもそも自転車が健康によいとされるのは、マイルドな運動であり、あまり疲れないのに、ジョギング以上のカロリー消費が期待できるところであって、この自転車にはそれが望めない。せいぜい「ウォーキング」というところである。そういう意味で、この自転車がターゲットとするべきは、間違いなくお年寄りだと思う。

私はお年寄りにこそ、この自転車を勧める。

フォールディングバイク

折り畳み自転車のこと。これまた大ブレイクした急成長分野であることは、ご承知の通り。

折り畳みには、①いざとなったら（雨、風、疲れた、などなど理由はたくさんある）畳んで電車に乗れる、②室内にすぐに持ち込めるために盗難防止に大いに役立つ、③クルマや電車に積んで出かけていって、旅行先で手軽に楽しめる、などなど様々なアドバンテージがあって、これぞ究極のシティサイクル、という言い方を私は否定しない。

実際にそれらの特質が受けに受けた。

ドイツ製、イギリス製、日本製が三つどもえでシェアを競っている。それぞれ折り畳み方に工夫を凝らしていて、現在では一〇万円前後でなかなか軽快な、いい自転車が買える。毎日の通勤に使っている人も多いし、街中でもホントによく見かけるようになった。

フォールディングバイク

ただ、良いところもあれば悪いところもあるのがこの世の常で、フォールディングバイクのネックは二つある。

一つ目は折り畳みの必然で、タイヤを小さなものにせざるを得ないところ。小径タイヤは乗り心地の確保と、パンクなどのトラブル回避のために、どうしてもタイヤを太目のものにせざるを得ず、走行の抵抗がどうしても高くなってしまう。つまりはあまりスピードが出ない。

もう一つは折り畳む部分、特にフレームのヒンジの剛性の問題で、コレはどうしたって、固定ものよりも可動ものの方が剛性は落ちざるを得ない。長く乗っていると、きしみも出てくるし、そうでなくとも力に逃げが生じる。

この二つに目をつぶることができさえすれば、フォールディングは買いだ。

特に、交通網が発達している一方で住宅事情が必ずしもいいとはいえない首都圏・近畿圏では、デメリットを大きく上回るメリットを感じることができるかもしれない。

◉ファニーバイク（変わり種自転車）と、その他の自転車

リカンベント

コレをファニーバイクと称するのには、私もかなり抵抗があるのだ。

ひょっとしたら未来の自転車はみなコレになってしまうかもしれない。そんな思いすら抱かせるリカンベントの歴史は実は古く、一九世紀にすでに発明されていたという説すらある。リカンベントとは「寝そべる」「寄りかかる」との意味で、その名の通り、バックレストに寄りかかった姿勢で、自転車を漕ぐ。

なぜこの姿勢をとるのかというと、この姿勢の方が、人間工学的に力のかけ方が合理的なのだそうだ。空気抵抗も低くスピードだって格段に出る。何しろこの自転車はあまりにスピードが出過ぎるために、ヨーロッパの自転車レースから追放になるという憂き目すらみているのだ。

一部では自転車の革命である、とすら認識されているが、思ったほど普及しないのは、

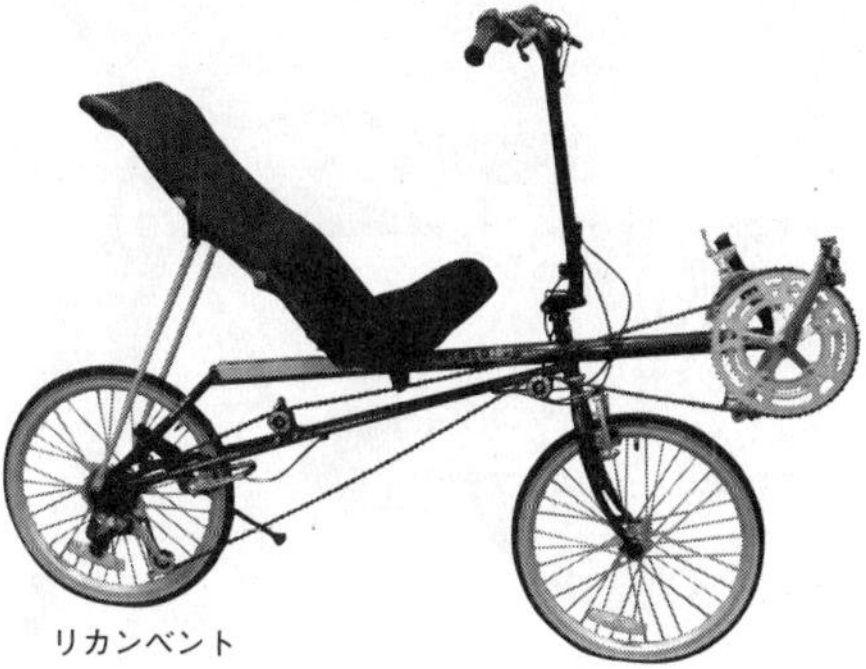

リカンベント

その珍奇な格好と、値段と、デカさだろう。「自転車とはこうである」という固定観念をうち崩すのは、なかなか難しいものなのかもしれない。

通常の自転車の姿勢とまったく違うけれど、乗ってみればすぐに慣れるという。操作性は意外にいいし、乗ってみての視界だって、見た目ほど悪くはない。値段が気にならず、置く場所があるならばチャレンジしてみるのも面白いかもしれない。ただしトラックなどの背の高いクルマからは見えづらいから、必ずどこかにフラッグを立てておくこと。また、上り坂が若干苦手。

荷物もたくさん載る。また風防をつけると、小雨ぐらいなら気にならないことも美点だ。

そして、コレは人によって好き嫌いは分かれると思うが、この自転車はモノスゴク目立つ。

交差点に停まっていると、ガキは寄ってくるわ、ヤ

ビーチクルーザー

ンキー諸君は話しかけてくるわで「キミも街の人気者」になれるのだそうだ。そのあたりをどう解釈するかが、おおよそ一五万円以上を出すかどうかの分かれ目となるのだろう。

最近ではそれなりのバイクショップならショーウィンドウに飾ってある。

ビーチクルーザー

完全なお遊び自転車。もとはと言えば一九六〇年代のアメリカで爆発的にヒットしたもので、サーファーが海辺をお手軽に移動するために生まれたのだ。現代になってなぜか再びヒットの兆しが見える。

あの頃のアメリカのテイストの例に漏れず、デコラティブでノー天気な感じ。何といっても「ガソリンタンク」が付いていたりするんだぜ、ベイビー。もちろん中身は空っぽだけど。オートバイのフェイクという気分が濃厚なんだな。

見た目が楽しいという意味では、まあ、そのことを否定はしない。一言でいうと「実物大のブリキのオモチャ」だ。コレに乗って「ファンキーなオレ」「アメリカンなオレ」を、ちょっとワイルドにアピールするのも悪くない。というのか、こういうのは純然たる趣味の問題だ。

だけど、この自転車を「機能」ということで見ると、ひょっとしたらママチャリにも劣るかもしれない。必然的に私としてはあまりオススメしないけど、それでも、という人にとっては「コレしかない」なのだろう。

ダッチバイク

これをファニーバイクと呼ぶのにもかなり抵抗がある。なぜなら、本場オランダでは、これこそが一番一般的な自転車だから。実際にオランダやドイツに行くと、街中にこの自転車が溢《あふ》れてる。

大きめのママチャリ、もしくは運搬車という風情で、最大の特徴は「後輪のブレーキがない」ことだ。ならば、どうやって停まるのか？

うふふ、そのあたりは8章からの「欧州編」に書いてますんで、後々のお楽しみに。

オーディナリー型

◉その他

いわゆるダルマ自転車「オーディナリー型」（そんなん乗るヤツァいねえよ、と思うなかれ。きちんとマニアが存在する）、運搬車、タンデム車、三輪車、ちょっと前に流行ったキックスケーター（あれも見ようによっては自転車だ）なんてのに手を広げると、ワケが分からないことになるもので、とりあえずはこのぐらい。まあ同時に「快適な自転車生活」ということで考えると、この程度で充分だとも思う。

自転車っていうのはホントに色々な種類があるんだ。大阪府堺市にある日本最大の自転車博物館サイクルセンターには、五人乗り自転車など、ここにあげた以外の様々な自転車がたくさん展示されている。自転車に関する色々な資料も充実していてなかなか面白い。

ご近所にお住まいの人、興味のある向きは一度、行ってみてはいかが。

●自転車博物館サイクルセンター（月曜、祝祭日の翌日、年末年始休館）
（住所）大阪府堺市堺区大仙中町一八－二
（電話）〇七二－二四三－三一九六
http：//www.h4.dion.ne.jp/~bikemuse

もう一つ、東京にもまったくないワケじゃない。

東京の北の丸公園にある科学技術館には、自転車文化センターというのがあって、そこに古い珍しい自転車が展示してあったりする。

●自転車文化センター（年末年始休館）
（住所）東京都千代田区北の丸公園二－一　科学技術館二階Ｉ室
（電話）〇三－三二一一－七－一一三一
http：//www.cycle-info.bpaj.or.jp/

[コラム——5] 放置自転車のこと

放置自転車。迷惑ですね。東京の世田谷区などは、この放置自転車対策に毎年六億円（！）も使ってるそうですよ。

でも本当にそうだろうか？私はちょっと不思議に思っている、というよりちょっと腹立たしく思っているのだ。その理由はただ一つ。放置自転車問題ほど「原因」と「結果」というものをないがしろにしている問題は、他にないからだ。

　そもそも自転車は駐輪するものである。そして、その駐輪スペースはクルマの駐車スペースの七分の一か、八分の一である。それを前提として話をしたいのだが、この国には駐輪場が少なすぎる。

「駐輪場」というとすぐに思い浮かぶのが、駅周辺の大規模駐輪場のようなものになるのだが、この発想がすでに間違っていると私は思う。駅前は一等地だから、通常、高速道路や高架の下の何だか薄暗いところに、ガタイだけはデカく作ってしまう。駅からも商店街からも遠くて、到底「便利」とは言いがたい。それらを称して「駐輪場」、で、そこ以外に停めてはいけない。これでは「自転車の有効活用」などできないのだ。

　自転車を有効に生かしたいのであれば、街中に小規模な駐輪場をたくさん作るべきだ。違法駐車中のクルマを一掃するだけで、充分すぎるほどのスペースは用意できるはず。そちらの方がコストも安いし、使い勝手もいい。ヨーロッパの自転車先進地域は大抵そうしている。

　さらに。

　ずうっと置かれている放置自転車の半分は、実は「盗難自転車」であることも、もう一つの事実だ。「その辺のチャリンコ、持ってっちゃおうぜー」の類の無責任な輩が、駅前などに乗り捨てていく。

持ち主の知らないところに「放置自転車」としてひっそり置かれた末に、ある日回収され、警察の登録番号に応じて元の持ち主に電話が来る。ここまでにかかる時間が約一カ月。だけど、その一カ月の間に盗まれた人は自転車を新しく買っちゃうのだ。その人の生活必需品であるからして。

これに関連して「自転車が安すぎる」という側面も問題だ。

スーパーの軒先で、ホームセンターで、ママチャリ一台一万円だ。何でそんなに安いのだ。そんなことは無論、分かってる。上海あたりからやってきた激安の自転車たちなのだ。言っちゃあ悪いが、精度も重さも無視した鈍重なる自転車たち。

本来の自転車の快適性、そして可能性を甚だしくスポイルしているという側面以上に、「チャリンコ」を異様にカルいもの、つまりは価値なきものとしている結果を生んでいると思う。

私の知り合いの小学校の先生が以前、こういうことを言ったことがある。

「最近の小学生に『ものの大切さ』を教えるのはホントに難しいんです。一つには傘と自転車が異常に安すぎるとい

欧州によく見られる街中の小規模駐輪スペース

うことがある。ここまで安いと愛着のようなものも生まれてこないし、人のを勝手に持っていく、ということに関して罪の意識も生まれない」

当たり前のことだけれど、安いことは決して悪いことじゃない。しかし、本来持つべき性能や快適性を無視しての「安かろう悪かろう」が市場を席巻することは、決して良いことでもなかろうと思うのだ。明らかに悪貨が良貨を駆逐している。

冒頭にあげたとおり、都会の地方自治体は放置自転車対策にアタマを悩ましている。それは事実だ。だが、ある町の会議に呼ばれたとき、こういうことがあった。

会議をとり仕切る実力者のオジさんが、したり顔でこう発言する。「つまりだね、自転車を『旅館のスリッパ』のような形で活用すればいいのだ」と。

それに参加者が大いに賛意を示す。いわく「どんなに自転車に乗る人でも一日に一時間乗ればいい方だ。二三時間は駐車しているのだから、それを別の人が利用すれば合理的じゃないか」「今は自転車は安いんだから、町として一〇〇〇台ぐらい導入すれば市民の足はまかなえる筈」。

一見、説得力あるように思えるのではないか。いわば自転車公有制。でも、こういうのは私は決してうまくいかないと思う。それどころか正直言ってただ単に「無責任」を生み出すだけのシステムだと思うのだ。旅館で大量のスリッパが使い捨てられていくのと同じように、無記名の自転車が使い捨てられていく結果に必ずなる。同時に「放置自転車」も間違いなく増えるだろう。旅館のスリッパが大浴場の前で置き去りにされているように。

無論のこと、自転車にはメンテナンスが必要になってくる。金属パイプと針金の組み合わせでできた自転車は、誰もが承知のように、スリッパよりも脆《もろ》い。

それを補うのは、ヘンな言

い方だが、自転車への愛だ。その愛は「自分の自転車」という意識なしには育たない。

さらに言うと、行政側の「放置自転車対策」は、常に乗る側の視点に欠けている。

前述の「自転車はスリッパにしてしまえ」と言ったオジさんは、その同じ会議の席上で「ワシはこの一〇年ほど、まったく自転車に乗ったことがない」と言った。「放置自転車が目に余るから、この会に参加したのだ」という。

これはどう考えてもまずいだろう。

下々の者の乗る自転車のおかげで、街の景観が著しく損なわれている。そこで自転車はしかるべきところに少数だけ囲い込んで、目障りなモノを一掃しよう。そういった視点で環境や交通などを語られては、正直言って迷惑なのだ。

駐輪場を整備すること、自転車の盗難を減らすこと、自転車を「価値なき交通手段」としないこと、そして何より自転車を所有することに自己責任を負うこと。

放置自転車問題はその辺の意識改革から始めないと決して解決しない。

〔文庫版への附記〕
……と書いた二〇〇一年。ところが東京都内の駐輪場整備は、その後急速に進み、現在では、一番ヒドいときに比較して、放置自転車の数は三分の一に減少したという。地下駐輪場の設置など、駅すぐの有料駐輪施設を分散しながらも地道に作ってきた結果である。パチパチ。行政だって、やればできるのだ。

4章

さあ走ろう（自転車運転術）

当たり前のことだけど、
自転車はそれだけでは自立することすらできない。
人が乗ってはじめてまともに立つという、
考えてみれば不思議な乗り物なんだよね。
エンジンはアナタの脚だけ。すなわち乗ってる本人次第で、
自転車は「痛快な娯楽」にも「苦行」にも化すのだ。
都市を快適に自転車で移動するには、
確かにそれなりのコツが存在する。
あなたが嫌いなのは、坂？　雨？　風？
私だって嫌いだけど「マシな方法」をとるだけで、
バイシクルライフは大いに変わってくる。

オーストラリアや北海道で、どこまでも続くまっすぐな道を走るのならばいざ知らず、日本の都市、なかでも東京を自転車で走っていくのには、それなりのコツがある。クルマを回避するコツ、交差点を渡るコツ（信じがたいことに、自転車では渡れない交差点が多々あるのよ、東京には）、そして、ココが重要なんだけど、都市内でそれなりの高速を保つコツ。それらを伝授しようというのが、ここの項目なのだ。けれど、さて、と考える。そんなコツがあるなら、こっちの方が教えて欲しいぐらいだぞ、とも思うのだ。

まあ、私と一緒に考えてみましょう。

交通行政は変わらなくてはならない。道路のシステムも変わらなくてはならない。それは理想だ。だけど、そういうことを言っていても、おいそれと現状は変わりそうにないんで、自衛策も含めて、ここで考えていきたいのだ。

都市内の走り方だけでなく、一般的な自転車のコツ、というのもあわせて、ちょっとご紹介してみます。まずは自転車の天敵、坂道から、かな。

◉上り坂

上り坂は「自転車走行のコツ」としては最も簡単な部類にあたるだろう。東京都内にも、文京区、港区をはじめとして、短い急坂は結構いっぱいあって「自転車もいいけど、あの坂がイヤなんだよなぁ」という人々に言い訳を与える結果となっているんだけど、なんの、上り坂は多少疲れるかもしれないけど、安全だし、簡単なんすよ。

上り坂のコツはただ一つ。「ゆっくりと上ること」だ。

ギアを一番軽い歯にあわせて、ゆっくりと上る。コレだけで上り坂は画期的に楽になるはずだ。立ち漕ぎなんかして、無理に上ろうとすると坂がイヤになる。だから、坂があるな、というところでディレイラーを少し軽い方にチェンジ。坂に入ったら、もう少し軽い方にチェンジ。しかる後に、今までのペースでペダルを踏むだけだ。

軽いギアにチェンジした後は、今までのペースでペダルを回すと、そのままスピードがダウンするから、そのペースを守ること。「もう少し頑張れるけど、この程度で……」というぐらいのペースがちょうどいい。

遅いけど楽でしょ？　コレだけなのだ。だいたい人の歩行スピードの五割増し（もしくは歩行スピードと同じ）程度ならば、相当に急な坂だって、何てことなく上れるはず。要するに無理しなけりゃいい。

あまりに急坂の場合は、スピードが格段に落ちてしまうから、歩道に上がってもいい。いや上がった方がいい。スピードを出してるときと違って、クルマのペースに乗りにくくなって、車道にいるのがちょっと危なくなるからだ。むしろ、このスピードであれば歩行者にも危険はないから、歩行者と共存してしまおう。私も、よく通る霞ヶ関の坂では、歩道に乗ってます。

上り坂は「キツい道路」ではなく「スピードの落ちる道路」。その認識だけで、坂のイメージは変わるはず。

◉下り坂

むしろ坂で危険なのは、下り坂だ。

スピードの出過ぎに注意なのは当たり前のことだけど、一番気をつけるべきは、側道から出てくるクルマとの出会い頭だ。

出てこようとするクルマはなぜか、自転車に対して注意を払ってくれない。ホントは見えてるはずなのに、クルマに乗ってる人にとっては「クルマじゃないから大丈夫」と、なぜか思うらしい。「自転車は遅いから大丈夫」もしくは「自転車はよけてくれるだろう(または停まってくれるだろう)」と思うのかもしれない。とにかくクルマは自転車に注意を払ってくれない。

腹が立つには立つけど、ぶつかって負けてしまうのはこちら側だから、停まるしかないんだけれど、下り坂の自転車は停まりにくいのだ。

このあたりＭＴＢ（オフロードタイヤのモノ）には一日の長がある。抵抗のあるタイヤはそれだけ停まりやすいからね。

だけど、多くの細タイヤスポーツ系の自転車は、下り坂でスピードを出している際に停まるのが苦手だ。下り坂によってただでさえ前輪に重心がかかっている上に、ブレーキによってさらに重さが前輪にかかることになって、その重心に細タイヤが耐えきれなくなってしまう。

結果、右手（前ブレーキ）の方に過度に力が入ろうモノなら、前輪がロックしてしまって、その前輪を中心に転倒してしまう。最悪の場合、自転車から人間が前方に吹っ飛んでしまうのだ。

左手（後ろブレーキ）に先に力を入れたとしても、それが強すぎると、これまた結果として後輪が、より容易にロックしてしまう。つまり、タイヤはストップしたまま、アスファルトの上を滑ってしまう。

これを避けるためには、下り坂でスピードを出さないこと。コレに尽きる。ロックしないためには、ゆっくりとスピードを下げるしかないし、そうすると制動距離が長くなって、出会い頭のクルマの前で停まれない。

ツーリングなんかで、峠を越えて、長ーい下り坂を爽快に駆け降りる（側道もないし、見通しもいい）のはとても気持ちがいいけれど、街乗りの下り坂はスピードを出しすぎちゃダメ。数字でいうと時速四〇キロ程度まで。コレを超えると危険だ。

ブレーキはきくに限るけど、ききすぎるブレーキもホントは危険、というココロは実はこのあたりにある。たとえば例のVブレーキ。四〇キロも出してる下り坂でフルブレーキングすると、あの高性能ブレーキは確実に作動し、同時に確実に車輪はロックする。車輪がロックすると、往々にしてそのまま前のめりに転倒してしまう。こうなると事故である。危ないことこの上ない。だから最近のVブレーキには、それを回避するためのアブソーバーが装着されていたりするのだ。だが、そのアブソーバーとて万能ではない。

下り坂は小刻みにブレーキしつつ、ゆっくり目を心がけること。

もう一つ、なるたけ前輪に重心がかからないように、腰を後ろにずらしてブレーキを握るのもコツの一つだ。要するに「へっぴり腰スタイル」で適度な力でブレーキを握る。コレで随分危険も回避できるので、ちょっと練習してみよう。

◉ブレーキのかけ方

モノのついでといってては何だけど、下り坂に限らず、ブレーキはまことに重要。ついでに書くことじゃないんだけど、話の流れでブレーキのかけ方。

まずは確実に制動させるために、右と左のどちらを重視すべきか?

正解は意外なことに右、つまり前輪だ。前輪のブレーキこそが自転車のブレーキの主役なのだね。

下り坂の項で書いたとおり、前輪がロックするのはベリー・デンジャラスなために、前輪ブレーキは、より強く握るのに躊躇《ちゅうちょ》してしまうのだけれど、制動力が前と後ろとでは全然違う。停まる際に、重心は前輪の方にかかってしまうからだ。同じ理由で後輪はすぐに滑ってしまう。

ブレーキレバーは、なるたけ均等に力を入れて握る。だが、その制動力は一説によると、前六、後ろ四、または前七、後ろ三といったところだ。私もそれぐらいの見当だと思う。

それで不安を感じるようなら、ちょっとスピードの出しすぎなのだと思うべし。

ついでに言うと、カーブの前にも、ちゃんとスピードを落とすように。曲がりながらタイヤがロックすると、車道に突っ込んでしまうからね。念のため。

◉風

上りの坂道より厄介なのが、実は向かい風だ。ペダリングの抵抗という意味では上り坂と何ら変わらないように思えるけれど、あの粘り着くような抵抗感がタマラナイ。ペダルを踏んでも踏んでもスピードが出てくれない。

上り坂が「重い荷物を載せられた感じ」だとするなら、向かい風は「何かゴムひものようなモノで後ろに引っ張られているような感じ」だ。もうホントに私は嫌い。私に限らず誰もがそうだと思うのだけれど。

自転車は風の影響をホントに受けるのだ。空気抵抗が大きい、いわばCD値が最悪のシティコミューターだから。

余談だけれど、競輪選手たちはラストスパートを除くと、無意味に先頭に立たないようにすることが勝利への秘訣なのだという。先頭に立つと空気抵抗が大きすぎて、どんな強い選手でも最初でへたばってしまう。それだけ風の抵抗は大きいのだね。

時々、お互いを牽制しあいながら、ノロノロとトラックを回っている様子をテレビで見ることがあったりするでしょ。何やってんだろうなぁ、と思うなかれ。アレこそお互いに先頭を行かせようとしている姿なのだ。決してお互い「お先にどうぞ」などと、美しくも麗しくも譲り合ってるワケじゃない。これは「ツール・ド・フランス」などのロードレースでも基本は同じだ。

話がずれた。向かい風にどう対処すべきか。この結論は一つしかない。

あきらめる。

残念ながら対処法はこれだけ。ギアを軽めにして、風に負けずにひたすらにペダルを踏もう。コレは仕方のないことなのよ。ドロップハンドルの場合は、一番下を握って（つまり最も力が入るスタイル）、身体を丸める。空気抵抗をなるたけ少なくするためにね。

風なんていつ吹いてくるか分からないし、まあ明日は明日の風が吹くのだ。とは言っても、通勤などで毎日、同じ時間、同じ場所を走っている場合、決まって吹く場所もあったりする。特に海や川沿いを走る人などは（実は私もそう）……。頑張りましょうね。

翻って、追い風の場合は？　コレは別に言うべきこともない。風に押されながら軽快にツルーンと行こう。スピードの出しすぎに注意。前述の下り坂のごとく、ブレーキのかけ方にも注意。

さらに、もう一つ、横風の場合。

空気抵抗の大きい自転車にとって、横風は思わぬ事故のもとだったりする。橋を渡る際などにも突然、ビュッと突風が吹いたりして、姿勢がぐらつく、なんて経験をした人も多いことでしょう。これまた対処法ゼロ。ゆっくり安全運転に限る。

風には逆らわない。何よりそれが一番だ。

でも、こうも言えるよ。クルマという鉄の箱に入っていたときには気づかなかった、風という地球の息吹。それを全身で浴びることができるのが自転車なのだ。

同じ向かい風でも、真夏の熱風も、寒みぃ〜、の木枯らしだってある。逆に春の暖かな南風、秋の爽やかなそよ風もある。それらを味わいながら、そうだな、風と共存するのだ。

◉雨

雨だ。自転車に乗るのは今日はよしとこう。

それでいいのだ。わざわざ不快な思いをして雨の日に自転車などに乗ることはない。通勤ならば素直に電車で行きましょう。

とは言っても、走りはじめてから雨が降ることもあるし、帰り道に降ってることもある。その場合どうするか。

まず安全運転は言うに及ばずだ。雨の日は車輪は滑りやすくなるし、目が見えにくくなる。メガネをかけている人などは、メガネに付いた水滴が、光を乱反射して、ホントに周囲が見えにくい。

ブレーキ自体のききも悪くなる。ドロヨケの付いてない自転車など、特に後輪の水はねが、後頭部から背中、尻にべっとりとついてしまってタマラナイ。クルマの方からも見えにくくなるから、普段以上にクルマに注意しなくてはならぬ。

やっぱやめよう。自転車は置いて、電車で家に帰ってしまおう。それもそれで一つの見識だ。というか、それが常識的な判断なのかもしれない。ちゃんと鍵を二つ以上かけるのを忘れないでね。立ち木なんかにガチガチに結わえつけてね。晴れたら取りに来るのだよ。

それでも、それでもだ。そうは言っても自転車に乗らざるを得ないときもある。

その場合、どうするか。

まず理想型の雨天時の自転車乗車スタイルを考えてみる。雨だってなんだってへっちゃら、そういうスタイルもないワケじゃない。水着を着ることだ。

荷物をなんにも持たずに、水着を着て自転車に乗る。トライアスロンと同じスタイルですね。当たり前のことだが、水の中で人間が行動するのに最高なのは水着なのだ。濡れるのを避けていても始まらない。全身、びっしょりに濡れちゃえば、それ以上にはもう濡れないのだ。

現実性に乏しい？

はい、私もそう思います。別の方向性を考えてみよう。

常識的にまず考えるのは「雨具」であろう。田舎の高校生風の上下に分かれた「合羽」というのもアリはアリだ。濡れない、という意味ではコレはなかなか優れている。

ただし、雨具自体がかさばるし、着用も結構面倒。さらに長い距離を走るなら、雨具の中で、汗が蒸れてしまって、結局のところ、外側は雨で濡れ、内側は汗で濡れる、というタマラナイ状態に落ち込みかねない。荷物の問題もあるしね。

で、雨具を考えていくと、私のオススメは一応「ポンチョ」ということになるのだろう。背中にリュックを背負ったまま、上からバサリと被るアレだ。アウトドアショップなどに売ってます。中は蒸れないし、背中の荷物も無事だ。ただし、風に弱い（すぐにめくれてしまう）のと、裾のぴらぴらが車輪に巻き込まれやすい。困る。手放しで「オススメ」とも言い切れないところがツラいところだ。

結局のところ、雨はある程度あきらめざるを得ない、というのが正直なところで、ただし、下半身などが濡れることは仕方ないとするとしても、それでも守らなければならないところもある。

一つは荷物。もう一つは目だ。

まあ荷物に関してはビニール袋をまくなり何なり、それぞれに考えてもらうとして、目に関しては、安全の問題だから重要だ。私はツバの長い野球帽をオススメする。目が見えなくなる、視界が悪くなるのは、確実に避けなければならない。それができなければ、雨の日にはやはり自転車に乗ってはいけないのだ。

野球帽をなるたけ目深に被って、目に雨が入るのを避ける。メガネをかけてる人にとっても、コレはかなり有効に作用するはず。なぜならば、帰り道は大抵夜だから、水滴がメガネに付くと、街の灯やクルマのヘッドライトが乱反射しちゃって、視界がトンデモないことになるからだ。

風で帽子が飛ばされそうになるなら、それはスピードの出しすぎというもの。顎《あご》掛けのゴムひもを自分で縫いつけてもいい。

ポンチョを着込んで、野球帽を被って、ゆっくりゆっくりと走る。雨の日にはこのスタイルが、まあ最善。私の経験上はね。

さらに言うと、雨の日ばかりは歩道に乗ることをオススメする。車道はあからさまに危険地域になるがゆえに。ゆっくりゆっくり歩行者の邪魔にならないように走ろう。

いずれにせよ、家についたらシャワーを浴びて、しかる後に、自転車から水分を拭い去ろう。特にチェーン、フリーホイール（後輪の歯車があるところ）、ディレイラーなどの駆動系は、路上の油分、砂なんかもこびり付いて、汚れてる筈。ざっと拭っておくのに五分しかかからない。放ったらかしておくと、その汚れがいつまでも水分を含んで、サビの元凶となる。たかが五分だ。でも、その五分によって自転車の寿命は五カ月は延びるよ。

実は私も試したことがないのだけれど、コレは有効なのでは、と思うのが一つある。昔の日本風、雨笠雨合羽だ。藁《わら》でできたアレね。蒸れにも強そうだし、雨笠は実に機能的(に思える)。どうだろうか? 風に弱いかな? 弱いだろうな。

それにしても思うのよ。誰かどこかのメーカーは、そろそろ雨が降っても大丈夫な自転車を作ってくれんかしら。

(実は風防付きのリカンベント自転車は雨の日にはかなり有効だという。時代はホントにリカンベントを向いているのかなぁ)

◉ペダリング

ペダルの漕ぎ方だ。

トゥクリップやビンディングを付けているならば、引き脚の力の入れ方や、太腿の使い方などの話となるワケなんだけど、そういうことを日々考えているような人は、すでに私などのゴタクなど必要ないのだと思う。

あくまで「普通のペダル」での踏み方(回し方)だ。

楽に漕ぐためにはどうすればいいか。コレがサドルの高さとも関わって来るんだな。

すでにママチャリの項でも述べたように、サドルの高さの目安は、脚を伸ばしてみてかかとの位置がペダルの一番下位置にピッタリくるように、ということでしたね。コレはいったいどういう意味かというと、ペダルが一番、下位置に来たときに、脚が若干曲がっているぐらいのポジションを理想としているわけだ。

実際にペダルを踏むのは、かかとではなく、足の裏の指の付け根の下の膨らんだ部分。ここを拇指球《ぼしきゅう》という。そして、そこの部分をペダルに付けると、脚が一番伸びた状態でそれでも若干曲がってるという状態をキープできるはず。これが一番力が入りやすく、疲れにくいポジションとなります。

たとえばクルマのクラッチを踏む場合も、最も押し込んだ状態で、若干の脚の曲がりを残すべし、と自動車学校で教わりましたね、自転車の場合もそうなのだ。

人の身体は、脚に限らず、いったん伸びきってしまうと、それ以上力が入らなくなるわけで、筋肉がうまく働かない。そこのところを考えてのことだ。

そのポジション、踏み場所で、さて、どのように踏むか。

ビンディングを付けてない場合、ペダルと足とは、ただ単に触れてるだけだから、もちろん「回すように」と言ったたって限界がある。だから、コレは多分に「気持ち」の問題なんだけど、注意ポイントがまんざらないワケじゃない。

意識すべき基本は「くるぶし」そして「つま先」にある。

「ペダルを拇指球で踏み込む」とは言っても、問題はその角度だ。拇指球部分が常にぐらぐらして、かかとがペダルの上にいったり下にいったりするようでは、効率的なペダリングなどおぼつかない。

一つ目に注意すべきはくるぶしの角度。コレを常に一定させ、足が上にいっても下にいっても、常にかかとはペダルの上方、おまけにくるぶしの角度は同じ、と。コレを心がけるのだ。加えて、意識をつま先に集中させる。つま先がいつも下を向いているような形だ。感じでいうなら、つま先で地面を掘るように踏み込み、同じく引き上げる際には、つま先（後足）で砂を後にかけるような形で、力を入れる。これこそがペダリングの極意なのである。これを専門用語で「アンクリング」という。

なんだかヘンなペダリングだなぁと思うなかれ、一度、慣れるとコレが実に効果的にスピードそして距離に作用する。そして、ふと気づくと「あ、オレ、今、ペダルを（踏んでるのではなく）回してる」ということになるはずだ。あくまで何となくの感覚として、なんだけどね。

あまり気にすることはない、というのも一方の事実だ。普通に踏んでいれば、いつか自分なりの効率のいい踏み方が分かってくる。

だけど、基本はくるぶしの角度と、つま先からの踏み込み。コレだけを頭に入れとくと、自転車がよりフレンドリーになる。つまり楽になる。騙《だま》されたと思って、やってみるべし。

◉車道を走ろう

さて、ここまでそれが当たり前のものとして書いてきたのだけど、自転車は車道を走るものである。都市内を自転車で移動する場合、ここのところが一番の醍醐味であり、スピードを保つ秘訣であり、かつ一番、注意を要する部分だ。

そもそも自転車は道路交通法上、軽車両に属するわけで、基本的には車道を走るべきなのだ。ところが、高度成長時、あまりのクルマの増加にそうも言ってられなくなって、一九七〇年代、ついに日本の交通行政は自転車を「歩道に上がるも可」としてしまった。

結果、自転車は歩道も車道も走れるという、なんとも自由といえば自由な交通手段になった、のだけれど、同時に、何とも中途半端な存在ともなった。

海外の先進各国で、自転車をおおっぴらに歩道走行させているのは、実は日本だけであるということは知っておいた方がいい。そして、先進各国の感覚では「歩道に自転車に乗り上げているなんて、なんて野蛮な……」と思われていることも知っていた方がいい。

もう一つ、日本だけに「ママチャリ」という独自の自転車が発展したのも、この政策と無関係ではないのだ。

歩道を走ることによって、必然的に自転車はスピードを出すことができないようになった。だから、最初から低速での安定性だけしか重視してない自転車（つまりはママチャリのことだね）が多くのシェアを占めるようになったということなのだ。

だが、同時にスピードを奪われた自転車は、その可能性を大いに減じられた。一回あたりの日本人の自転車の移動距離は欧米各国に比較して、非常に短い。これは自転車が「そういう存在である」というなかに囲い込まれてしまったからだと私は思う。でも、ホントはそれではね、それではもったいないのだ。

自転車の歩道走行を認めたことによって、当時、対クルマの自転車事故は若干、減った。コレは事実だ。だが、そのことは同時に自転車が自らの可能性を狭めたことに由来しているのも一方の事実。歩行者を気にしつつ、実際に迷惑になりつつ、歩道を走ることが、果たしていいことなのか、私は非常に疑問に思う。

そもそもで言えば、自転車の方が「クルマに譲って」歩道に乗る方がおかしい。

車道は歩行者でない交通手段が走るための道路だ。きっちりと自転車とクルマがお互いに危険をもたらさず共存すべきスペースの筈だ。そのあたりを分かっていないクルマは実に多すぎる。ぶつぶつ。だんだん文句が多くなってくるのだけれど、それは多くの自転車人にとってもそうだと思う。

まあ、文句は色々あるのだ。だけど、それらのマイナスの交通事情という前提のもとに、それでもその車道を走らなければならないわけで、危険はこちらで回避しなくてはならない。何度も言うけどぶつかって困るのはこちらだから。

渋滞でない限り、車道を走る自転車乗りが気をつけるべきは、当然、右後方だ。

そこを何が走っているかは常に注意していなくてはならない。ので、まず第一にバックミラーを付けてみようか。ちょっと気の利いた自転車屋さんだったら、色々な種類のバックミラーが売ってるはず。グリップエンドに付けるタイプや、ハンドルに付けるタイプ、フロントフォークに付けるタイプもある。一〇〇〇円札一枚と、数枚のコインで買える。それで常に右後方を確認しながら走ろう。

とはいってもバックミラーも決して万全ではない。というのか万全にはほど遠い。安物しかないから視認性は悪いし。自分の後ろにどういう車種が走っているかを確認することぐらい。

だから、たとえば路上駐車のクルマを回避する際などは、バックミラーに頼らず、実際に後ろを振り返り、確実に後方を確かめながら走るべきだ。そして、後方のクルマに道を譲るのか、自分が先に行くのか、それを後ろに伝えてからペダルを踏み出すべし。

こういうときに限らず、車道の自転車乗りに有効なのは、小学校のときに習った手信号だ。右に曲がるときは右手を出したりするアレだね。でもあの通りにする必要はまったくなくて（ドライバーだって忘れてる）、確実なのは、後ろのクルマに「来るな」と手のひらを出す、とか、「先に行け」と手を振る、とか、その手合いのことだ。基本的にはその二つ。メッセンジャーたちも、よく見るとそうしてる。

クルマを停めることに躊躇は要らない。路上では、弱者優先、つまり自転車の方が優先だということは基本なのだ。

走るべきスペースは、もちろん左端。

だけど、車道の左端はアスファルトが切れてて、コンクリートになってるよね。で、そこには排水溝とコンクリの継ぎ目がある。なかなか走りにくい。継ぎ目は不快だし、排水溝にはまりこんだりしたら最悪だ。ここを走っていることは、大いにパンクの元ともなるんで、まったくオススメの走行スペースでない。

で、アスファルト部分の最も左端が自転車走行スペースとなる。

通常の場合はそれで問題がないのだけれど、大型トラックとバスが通り過ぎるときには、コンクリの上に避難すること。特にバスは困るよなぁ。停留所の近くなどで、その左端に寄って来るからね。

◉バスをどう回避するか

実際、バスは困るのである。

困る一つ目の理由は、バスのスピードがたいてい「自転車よりもちょっと遅い、もしくは同じ」という程度だからだ。実際に東京都の統計でも、都営バスの平均時速は一一キロだそうな。だから路線バスが走る大通りを走っていると、必ずバスと自転車は、何だか競争しているような形になる。渋滞していれば、サッとパスできて問題はないのだけれど、大通りがたまたま空いてる場合、走行中はバスに追い抜かれ、停留所に停まってるバスを、自転車が追い抜いていく、という形になる。

で、困る理由の二つ目で、バスは車体がデカいから、停まったバスを追い抜くのが危険なのだね。バスを後ろから見て、右側を追い抜かざるを得ないのだけれど（左側は「歩行者、今まさにバスに乗らんとす」ということになっているから、自転車は通れない）、バスの車体分、右に膨らんで走るのは、かなり危険だ。後ろから、ちょうど大型トラックなんかが来ると、ちょっと困る。

なら、バス路線にあたってしまったら、それも運命とあきらめて、バスが停まれば自転車も停まり、動けば走り出す、という形にすればいいかというと、それがそうでもないのだ。バスは真っ黒けのディーゼル排気ガスを後ろにまき散らしているから、丸腰の自転車人はたまらない。どう見たって、アレは健康に悪いよな。

で、どうすればいいか。経験上、結論は一つだ。バス路線に重なったら、いつもより速めに自転車を駆る。そうして、いつしか後ろのバスが信号に引っかかるのを待つ。それしかないのだ。

疲れてるときなどは「ありゃぁ、バスだよぉ」と憂鬱になるけど、仕方がないのだ。バスにはバスの論理があるからね。アレだって（半分ぐらいは）エコな交通手段だからして。

◉スクーターと競争をするなかれ

世の中に似て非なるモノはたくさんあるのだけれど、自転車と原動機付き自転車、つまりスクーターってのもその一つだ。

まあ、排気ガスがどうのとかはおいとくとして、一番の違いはその瞬発力だ。スピードに乗ればそれなりに速いとはいうものの、自転車っていうのは、やはりどうしたって「ゆっくり加速してゆっくり停まる」のゆっくり系の交通手段だ。ところがスクーターは逆。キュッと走り出して、キュッと停まる。この瞬発力こそがこの乗り物の特質だと言える。このスクーターと自転車が競合してしまうのだ。路上の走るスペースがほぼ同じだからしてね。

信号機から信号機まで。交差点では身の細い自転車の方が隙間《すきま》をくぐって前に出る。で、信号機が青になると、その後ろからスクーターがキュキューッと追い抜いていくわけだ。だけど、次の交差点にそのスクーターがやっぱり停まってる。で、その間を自転車がすり抜けていく。以下、最初に戻る、なのだ。

結局バスと同じく抜きつ抜かれつの勝負となってしまう。

言っちゃぁ悪いけど、スクーターのユーザーには、頭の悪そうな若いアンちゃんと鈍そうなオバちゃんの割合が若干多くて（あくまで若干という話ですからね）、あからさまに「自転車、邪魔っ」「歩道に上がりな」というような表情を向けてくる。実際にそういう威嚇に出てくるアンちゃんも往々にしていたりする。困ったものなのだ。ヤツらは失うものが何もないからね。

バスと違って、スクーターは決して追い抜けない。アナタが中野浩一選手でもない限り。ではどうするか。特に「スクーターの軍団」のようなものが前方にいる場合は後ろからついていくだけにしておこう。あまり近寄らない。交差点にきてもスクーターの間をすり抜けない。交差点と交差点の間が長いところが、いつかやって来る。そしたら彼らは先に行っちゃうよ。

メッセンジャーの皆さんもそうしてるって。

〔コラム——6〕 自転車ライフの必需品①

コレは人によって見解も様々なんだけど、とりあえず私が「あって良かったな」と思っているモノをいくつか。

まずはヘルメット。コレについては、通勤などちょっとでも長い距離を乗る場合、私は「必需品」と言い切ってしまうつもりだ。

よりスピードの速い自転車、ロードレーサーなどに乗っている人にとっては特にそう。実際にヘルメットを被っていたおかげで、転倒の際にも軽傷ですんだ、という話は山ほど聞く。そういうことは私自身もあった。

それにヘルメットの効用は、事故のときのダメージ軽減以外にももう一つあって、それは「オレは気合い入れて車道を走ってるんだぜ」ということを、クルマ側にアピールできるところだ。クルマの方にとっても「あ、あの自転車は速いな」ということが分かるから、割合、素直に道を譲ってくれたりする。

そんなこんなで、いいことばかりのヘルメットなんだけど、ところが、実際のところ、メッセンジャー以外にはあまり普及しているとは言い難い。

現在のヘルメットが嫌われる理由は、ご承知の通り、何と言ってもデザインにある。あの派手でマッチョなデザインは、ロードレーサーに乗っているならまだしも、普通のクロスバイク、シティサイクルの類にはまったく似合わない。おまけに、頭が丸くて大きい日本人が被ると、何だかアタマの上に「載せている」という形になってしまって、何ともカッチョワリ、なのだ。

これ、デザイン的に何とかならないかなあ。

自転車はどうしても汗をか

くから、オートバイ系の通気の悪いヘルメットは被れないし、せめて日本人のアタマに合うような形状を作って欲しいよね。

　それともう一つが、値段。高すぎる。

通勤など長い距離を乗る場合、ヘルメットについては私は「必需品」と言い切ってしまう

普通のメットで八〇〇〇円もしたりするんだよ。あの発泡スチロールのカタマリが。是非とも何とかして欲しいところだ。

　次にスピードメーター。前作『自転車ツーキニスト』では「必需品じゃないけれど、持っていると面白いよ」というようなことを書いたのだけれど、本書では「必需品」に格上げ。

　自転車っていうのは、やっぱり気分で走っちゃう、というようなところがあって、自分自身どれだけのスピードで走っているのかが今ひとつよく分からないところがある。それに客観的な指標を与えてくれるのが、メーターなのだ。

　人それぞれだけれど「いつもの道」を「いつものスピード」、たとえば、時速二五キロから三〇キロをキープする、てな具合に利用すると、それが健康にも安全にも役立つと思う。

　何より楽しいね、メーターは。累積距離が一〇〇〇キロとか一〇〇〇〇キロとかになると「おお、オレもコレだけ

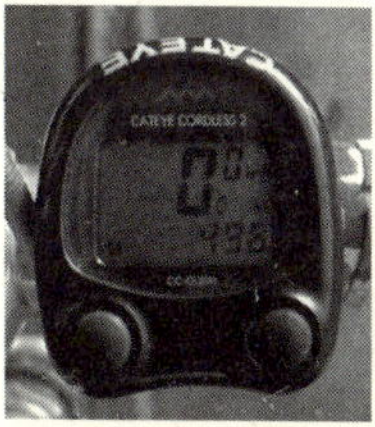

健康にも安全にも役立つので、本書では「必需品」に格上げのスピードメーター

走ったか……」と感慨に浸れるよ。

トリップメーターをこまめに見ていると、街から街までの正確な距離が、次第にアタマの中に刻み込まれていく。これまた自転車で都市を巡ることの快感だ。


バックミラー。コレは付けよう。安いし。

バーハンドルにもドロップハンドルにもグリップエンドに付けるタイプが一〇〇〇円程度で用意されている。スクーターのミラーのようにアームがあるタイプは、視認性という意味では若干優れているけれど、壁などに立てかけることの多い自転車の場合、あまり機能的ではない。同時にあんまりカッチョよくないのも、ちょっと……だね。

ただし、多くの場合、ミラーの表面は、言い方は悪いけれど、単なる金属板に毛の生えたようなものだ。だからして過信は禁物。車道の内側に膨らむときなんかは、ちゃんと振り返って後ろを確かめること。

付けるのは、もちろん車体の右側。ハンドルなどの部分だ。

1000円程度で安全が買えると思えば決して付けて損はないといえるバックミラー

5章

自転車と暮らすということ

自転車と生活する。
どこに行くにも基本的には自転車を使う。
でも、人は自転車だけとは生活できないわけで、
いくらなんでもカミさんより
自転車が大事、なんてことになると、そいつぁマズい。
注意するように(←私)。
路上での立場もさることながら、こうすれば快適に自転車と暮らせるよ、
という一種のティップス。
超極私的「自転車生活の知恵」というところを少々。
ウィークデイにはウィークデイの、週末には週末の付き合い方が、
自転車にはあるのだ。
彼(彼女)は、それぞれに別の顔を見せてくれるよ。

◉どこに置く?

置き場所をどうするかについては、色々考えあぐねてる人が多くて、人によってはなかなか泣かせてくれる。特に都会の住宅事情の中では「いい自転車」の保管場所は難しい。

私の場合も、マンション住まいで、申し訳程度の屋根がついた劣悪な駐輪場、という、まさに考えあぐねる立場で、結局のところはベランダに置いている。九階だから、エレベーターに乗って持ち上げるのだ。エレベーター室内で「いや、すいません」と、いつも恐縮しながらね。

でもエレベーターがそんなに大きくないマンションなどだと、よっこらしょと階段を持ち上げなくてはならないから、もっと大変だよね。

マンションの駐輪場もせめて屋内にあればいいんだけど、もしそうであってもスペースが狭くて、ガチャガチャ状態だったりする。別にわざとやってるわけじゃないのに、他人の自転車に引っかけて、壊したりすることも多々あるのだ。

吹きさらしの駐輪場だと、子どもはいじるわ、勝手に持っていくバカがいたりするわで、最悪の状況。ホント、どうすればいいんだろうね。

ところが同じような状況にあっても大丈夫の人がいる。自転車を自分のクルマの中に入れてる人だ。ミニバンの流行で、そういうスペースをクルマの中に持つ人が増えてきた。コレはなるほどな、と思う。

「高そうな自転車が中にあるよ」ということが外から見えなければ、盗まれることもそんなになさそうだし、クルマ自体にカギがかかる。

私はクルマを持ってないから相変わらずベランダだけど。ふう。

人によってはそれでも心配な人もいる。そういう人は究極の方法として家の中に入れちゃうのだ。家の中に自転車を置くために、キャリアのようなものが売られている。軽いロードレーサー用というモノが多いけど、かといってMTBに使えないわけじゃない。

天井から床への突っ張り棒タイプなど様々。

ただし奥さま方にはたいへん評判が悪いので、そのあたりは注意。

◉荷物はどこに？

最も一般的なのは、背中にリュックを背負うことだ。

振動を嫌う、たとえばパソコンなどもOKだし、安定しているし、リュックそのものも安いしで、まずまずオススメだ。

ただし、リュックのまずい点は、夏場、背中にすごく汗をかいてしまうこと。通常の背中にピッタリ密着するタイプは、この汗がなかなかバカにならない。六、七キロを超えたあたりから、まあ覿面《てきめん》に不快になってくる。

それを回避するリュックもある。アウトドアの専門店などに行って、リュックサックのコーナーを覗《のぞ》いてみると、背中からリュック本体を浮かすタイプがあるのだ。プラスティックの板が骨組みとして組んであるタイプ。こいつはなかなか快適だ。

ただ、このタイプのリュックのまずい点は、荷物があまり入らないことと、骨組みが意外にヤワで、すぐに壊れてしまうことだ。もう少しきっちり作っていただきたいと思ったことであるのだな。

また、そこまで背中から浮かせてしまわなくても、通気性のよいスポンジが背中部分に張り巡らされているリュックもある。これはまずまずなのだけど、まあ、背中の汗を全面回避してくれるワケじゃない。

リュックじゃなくて、という路線では「メッセンジャーバッグ」などと称するものもある。肩からたすきにかける布製のカバンで、そうだなあ「ど根性ガエル」の「おやびーん」が持ってる通学カバンの、ヒモが極端に短いヤツ、とでも言えば分かるだろうか?

余計分からなくなった? あ、そう。

まあ普通の肩掛けカバンだよ。コレの美点は、交差点などで停まったときに、中身を即座に取り出すことができるところだ。真夏などタオルをすぐに取り出せるので、コレはコレでなかなかいい。

ただし、構造上、当然リュックほどは安定していない。まあその辺は好みだと思う。ユニクロなんかで買えば、二〇〇〇円程度と安いのもいいね。

身体にくくりつけるのではなく、自転車に乗っけるというパターンもある。ママチャリなら前カゴも荷台もあるけど、スポーツタイプの場合、その両方がないことが多いので、ハンドルに引っかけるタイプのフロントバッグがそれなりにオススメだ。あくまで「比較的」ではあるが、荷台に較べて振動が伝わりにくいのもいいと思う。パソコンなどの場合、荷台に載せるのはどうしたってオススメできないからね。

メッセンジャーバッグ

サドルバッグ

　こうしたタイプは何といっても乗ってる最中が楽だ。最近はワンタッチで自転車からはずせるものも多く出回ってるから、そういうのを探してみるといい。自転車専門店などで売ってます。

さらに。その専門店に行くと、サドルバッグというものも売っている。コレはルービックキューブ大の大きさで、サドルの下にちょこんと付ける小物入れ。大した荷物が入らないけれど、ちょっとした工具、ライトなどを入れるのに重宝する。

◉盗難防止

①カギ

目的地に着いた。折り畳み自転車でもない限り、どうしたって自転車は屋外に停めなくてはならない。たとえ、ちょっとコンビニに入る、というぐらいの短い時間であっても、路上に自転車を置いていると、驚くほどの確率で盗まれてしまう。

コレまでに幾万人の自転車愛好家たちが、それで泣いてきたことか。

どんなに短い時間でも、カギは必ずかけましょうね。

で、さて、どのようなカギがよろしいかというと、カギの基本は必ず二種類のカギを併用することだ。「路上の何かにくくりつけタイプ」と「車輪を動かなくさせるタイプ」の二種類。その両タイプを併用すること。

くくりつけタイプは、長いワイヤーがグルグル巻きになってるのが一般的だ。フレームにホルダーをネジ止めしておいて、使うときにはそこから外して電柱やガードレールに巻き付ける。ワイヤー長は、重さとカサが許す限り、長い方が望ましい。太い方が切られにくいという側面は確かにあるけれど、あんまり極太だと重くなってしまう。ワイヤーは鉄の塊なんだから。

車輪を動かなくさせるタイプは、ホントに色々あって、一番、防犯効果が高いのは、オートバイ用の鋼鉄のU字カギ。コレは滅多やたらにはなかなか切れないから。ドロボーめ、ザマミロなのだ。だけど重くてかさばるというのが、どうしたって自転車に向いてない。

それよりももっと軽くて小さいのが普通の自転車屋さんに売ってる。それで充分かとも思う。ワイヤー製でも金属棒製でもいいけれど、望ましいのはダイヤル式よりもキー式だ。楽だし防犯効果も高い。

サドルの下あたり、後輪にくっついてる「リング式」も結構捨てたものじゃない。見た目が「ママチャリっぽい」にな

車輪を動かなくさせるタイプのカギ

何かにくくりつけるタイプのカギ

ってしまうことを厭《いと》わなければ、お手軽でなかなかよろしい。

一番ダメなのが、前輪フォークにつける古典的なバネ式のヤツだ。どうしたものか、アレはすぐに破られてしまいます。「ご近所の自転車屋さん」みたいなところで自転車を買うと、そこの爺さんが「じゃ、カギつけとくね」といって、すぐにこれを付けてしまうのだけれど、あまり期待できない。その場合は「別のタイプにして」と言う方がいいと思うな。

②カギ以外

防犯登録は必ずしておこう。コレが意外なことに結構、有効なのだ。東京都の統計でいうと、防犯登録された自転車は盗まれても六割は出てくるのだそうだ。

なぜかというと、自転車泥棒は「ちょっと拝借」型が非常に多いから。そういう不逞の輩は、別段その自転車自体には興味はないわけで、自分の目的地（たいていの場合、どこかの駅周辺だ）に着くとそこで乗り捨てて行ってしまうのだ。それが「放置自転車」となり、ある日、回収される。で、盗まれてからひと月も経った頃に「取りに来るように」と連絡がある。その際に持ち主を特定するのが「防犯登録」。たった五〇〇円だから、きっちり登録しておくこと。決して無駄じゃない。

＊防犯登録は「自転車防犯登録所」（自転車店、スーパー、ホームセンターなど）で行うのが基本ですが、最近は一部の警察署でも行えるようです。

ただし、友人に譲り受けた、何かの懸賞で当たった、などなどの場合、ご存知の通り防犯登録はなされていない場合が多い。その場合は警察に行っても無駄だ。防犯登録は「自転車屋さんが代行する」のがなぜか基本なのだ。

そうした場合は、やはり一番近所の自転車屋さんに行ってみよう。正直言ってあまりいい顔はされない。でも背に腹は代えられない。「ほらほら、こうして手に入れたんだよ、盗んだんじゃないよ」という証拠を持っていって、拝み倒して登録をしてもらおう。ヘンだよね。ホントは警察がすべき仕事*と違うかな。

置き場所に注意することでも、少しは盗難を回避できる。

最も良くないのが、高架の下など人通りの少ないところに、隠すようにして置くことだ。人目につかないから、ドロボーは安心して盗みに精が出せる。人目が多く、しかも歩行者の邪魔にならないところ。これが基本である。

折り畳んで室内に持っていければ一番いい。だけど、それはフォールディングにしかできないワザなので、せいぜいできることはなるたけ自分の近くにグルグル巻きにしておいてておくこと。要は「オレはこの自転車を盗まれないように気をつかってるぞ」というポーズを見せること。ドロボーは「盗むと後々面倒になりそうだな」と思うような自転車は後回しにしてしまうものだ。

それでもマニアックなドロボーというのはいて、コレはもう確信犯。ワイヤーは専用カッターでバチンと切ってしまうし、時にはホイールだけ、とか、サドルだけ、なんて盗み方もする。有名ブランドの自転車であればあるほど狙われやすい。こういうのはもうどうしようもないわけで、街に乗りつける以上、盗まれてもそこまでダメージのない自転車に乗る、というのが最終手段なのかもしれない。高級ブランド名をわざわざガムテープでかくしている人もいる。

ちなみに六〇万円とか八〇万円とかの超高級自転車に乗ってる人は、カギなんて持って出ないのだという。

そのココロは、自宅から乗ったら、次に降りるところもまた自宅だから。

つまり乗ることを純粋に愉しむ人々であって、缶ジュースを買うのもハンドルを握りながら。常に目を離さない。そもそも路上に停めたりしないのだ。そういう人たちは。

◉自転車なウィークデイ

車道で停車中

赤信号などで停車中、どちらの脚で身体を支えるべきだろうか。これに関しては安全面でいうなら「両脚で」というのが、優等生のお答えではある。尻をサドルから前に落とし、両の脚で地面をガッチリと踏みしめる。どこから見ても悪くない。

だが、信号が青になって、走り出す際にはどうか。どちらの足をペダルにのせ、どちらの脚を地面に残すか。また、そうでなくとも、片足で自転車を支える際に、どちらの脚を地面と接しているか。

私の流儀でいうならば、車道を走っていて停車するとき、足をつくのは必ず右脚である。なぜならば、左脚をついていると何かの拍子で（横を行く自転車、スクーター、そして歩行者がぶつかってきた、とか）よろけたときに車道に倒れてしまうのを回避できなくなってしまうからだ。右脚はガッチリ踏ん張り、車道への注意を怠りなくする。ビンディングペダルなどで、足をペダルに固定化しているときなどは、なおさらそうだ。

また右脚を地面につくというのには、チェーンホイールの油からズボンを守るという側面もあって、これは街乗りでは意外に重要なことである。

何だかクルマの通る方に脚をつくのは危険なような気がするのだけれど（実際にそう主張する人も多い。趣味の違いということもあるんだろうが、古い自転車乗りであればあるほど左脚を主張する）、私はそっちの方が錯覚だと思う。まあ道路状況に応じて臨機応変にということもある。好きずきではあろう。

より安全な脚のつき方をシミュレートするなら、次のようになる。

最初に停車する際には、まず左脚から下りる。これは特にビンディングペダルなどの際に立ちゴケで車道側に倒れるのを防ぐためだ。次に両脚をついて待つ。そしてそろそろ青になりそうだというときに、左足をペダルにのっけて、右脚で支える。

だが、この通りの儀式をやるのも面倒くさい話であって、大抵の人は、停車中には必ず片脚をついている。

ならば右脚だ。

より大きなダメージを回避するために、支える側の脚は右側。もちろん車道の左を走っているという前提だよ。

ベルを鳴らさない

ちりんちりん。実を言うと法律上、自転車には必ずベルをつけることが義務づけられている。でも使ったことないよなあ、という人。私も同じです。

車道を走っているとベルを鳴らす必然性がないというのが一つ目の理由。

もう一つは、このベル自体が不愉快、という人が多いからなのだ。

自分が歩行者である際、歩道を歩いていると後ろから鳴らされるよね、ヂリンヂリンと。

これが「どけどけ」と聞こえるのだ。本人にそういうつもりがあろうとなかろうとね。

普段は車道を走っていても、歩道に乗ることはあるにはあるのだ。きつい坂道だとか、路上にあまりに違法駐車が溢れてるときとか。そういうときには徐行。コレがまず原則。そして歩行者を追い抜くときには「ちょっとすいませーん」と声をかけよう。まったく印象が違う。そして、こちらの方が迅速、合理的。

何といっても自転車に乗ってる際は口は遊んでいるのだからしてね。

また実際に、法律上でも、ベルを鳴らしていいのは、標識に指定があるところだけなのだ。クルマのクラクションと同じく。意味ない、と思うでしょ？　その通り。ホントに意味がないのだ。

携帯電話

かかってきますね、携帯電話。鳴ったら即座に歩道に上がって、停車してから受けること。それで充分間に合うはずです。片手運転で携帯電話など言語道断だ。そこは車道、危険地帯なのだ。クルマの方から見ても危なっかしく見えるし、事実危ない。

こういうのは本当にマナーの問題で、言わずもがなというのは分かっているのだけれど、実際に多いのだから仕方がない。こういう輩が多いと「だから自転車は危ない」という反感にも火をつけるのだ。こっちにとっても迷惑なのだ。

やめよう、自転車に乗りながらの携帯電話。

この一〇年で、自転車対歩行者の事故は、五倍に増えたという。その原因の一つに携帯電話の普及をあげる人は多い。私も、その意見に賛成である。

携帯型音楽プレーヤー（ｉＰｏｄ、ウォークマンなど）

コレまた危ないよね。

やめましょうね、ペダル漕ぎながらのウォークマン。なんてこと言いながらも、ココには実は深い問題があるのよ。

自転車生活のデメリットは何か、と問われるならば、唯一の問題点が存在していて私は即座にこう断言する。読書量が減ることだ。

コレは多くの人々が指摘するところで、たとえば通勤。自転車通勤、確かにいいんだけど、読書量が減るからねえ……。自転車通勤を三カ月続けて、その効用を大いに認めながらも、そう言ってやめてしまった某大学の教授を私は知っている。

その通りではあるのだ。私も実はそのデメリットを大いに感じてる。いくら剛の者でも自転車と読書は両立できない。

どうせ満員電車、本なんて最初から読めないよ。そういう人もいる。それはそれで問題はない。

だけど、通勤などで同じ道を毎日通っていると、若干、退屈になってくるのも確かだ。それだけの長さの時間、何の情報もインプットできなくなることに不満を覚えてきたりもする。

そういうときに誰しも思いつくのがｉＰｏｄやウォークマン、もしくは携帯ラジオなのだ。

自転車で車道を走る際に、路上の情報を得る器官は一に眼、そして二に耳であろう。そして、自転車の安全確保のためには後方の情報を素早くキャッチすることが何より重要で、そちらに関してはむしろ重要なのは耳だ。

その耳を両方潰《つぶ》してしまうウォークマンは、どう考えたって安全とは言えないだろう。ヴァンヘイレン（古い？）なんて聞いていた日にゃあ、後ろで飛行機が墜落したって気づかないよ。

私は思う。両耳、というのがダメなのだ。片方、それも歩道側の左耳だけだったらどうだろうか。そして、聞くのは音楽じゃない。音楽だとべたっと音が鳴りっぱなしになってしまうから、言葉を聞くのだ。

すまん、実は私もそういうことをしないワケじゃない。左耳だけで聞いているのは英会話のCD。コレなら大したことはないんじゃないか、と思ってね。

だけど、決して薦めるワケじゃない。音の方向性は両耳が揃わないと正確には分からないし、自転車に乗ってるときぐらいは何も考えずに専念しようよ、というのも一方の正論だと思う。

コレはまあ耳半分に聞いといて下さい。

◉ウィークエンド

輪行

大昔に流行って、現在また流行の兆しあり。フォールディングバイクの影響だね。でも本格派の輪行はランドナーを使うのだ。あの古いフォルムの「サイクリング自転車」だよ。ああっ、書いてるだけで行きたくなってくる。

輪行というのは、つまりは自転車をばらして、もしくは折り畳んで、鉄道に乗っけて、全国各地まで行ってしまうこと。別に鉄道に限った話ではなくクルマでも飛行機でもいいのだけど、まあ、輪行といえば通常は列車を使うのだ。昔からそうなのだ。エコという観点からもそちらの方が望ましいのだ。

短い休暇を有効に使って、遠くの街を自転車で旅するには、これほど合理的な手段はない。

用意するのは「輪行袋」という名の帆布製やナイロン製の大きな袋と、アーレンキー（六角レンチ）が一本だ。大抵の輪行用自転車はアーレンキー一本でばらせる。それをまとめて輪行袋に入れて、担いで公共交通機関に乗るわけだ。路線によっては手荷物料金が必要になったりもするけれど、せいぜい二、三〇〇円程度。大抵はタダだ。

別段、ロードレーサーでもＭＴＢでも構わないのだけれど、そこはそれ、雰囲気で言うと、ランドナーかスポルティーフなのだ。まあ重いＭＴＢを担いで駅の階段を上るのもなかなかぞっとしないから、軽めの大輪自転車がいいな。

もしくはもっと手軽に行くには、くだんの折り畳み自転車だ。クリッと折り畳んで、これまた専用の袋に入れるといい。フォールディングを作っている会社は大抵、それ用の袋を同時に売っている。

田舎の駅について、駅で自転車を組み立てて、さあ、走り出そう、というときの、うきうきと何となく晴れがましい気持ち。普段走っている街とまったく違う世界が、駅前からいきなり開ける。フロントバッグに地図を差し込んだりして、見知らぬ地名と見知らぬ風景が、こっちにおいでおいでしている。

一泊？　それとも二泊、三泊？　降りた駅とは別の駅が終着点だ。街と村とアッという間にフレンドリーになれるという自転車の特質が遺憾なく発揮されて、他の手段で行く旅行よりも、ずうっと味わいも思い出も深い旅になる。

ポタリング

その輪行のまったく正反対の旅がポタリング。

身近な地域、三〇キロとか四〇キロとかをのんびりのんびり走る極小旅行。自転車の種類はそれこそママチャリでも充分だ。とにかく気軽に手軽に、でも、いつもだったら来ないよなあ、というような街を走ってみる。意外なほどたくさんの発見や収穫があるはずだ。テレビでよく見る「行列のラーメン屋」が、案外なところにあって「あ、ココにあったのか」なんてこともある。「え、コレって何？　〇〇公園？　知らないなあ。でもすごく充実してる！」なんてこともある。電車と徒歩での「自分にとっての身近な地域」は、実は行くところが限られていることが実感として分かる。少し離れるだけで、新鮮な発見がある。

その発見を自転車のスピードは見逃さない。

クルマで行くと、車窓を流れる風景の一つ一つにコダワっているわけにいかないし、そもそも、すぐに停まらない。停められない。でも、歩いていくのはスピード的に多少退屈。その間にピタッとはまるのが自転車のスピードなのだ。

アナタがもしも東京在住ならば、おにぎりなんかを持って、都内に残された自然を見に行くのもいい。または「歴史散歩ポタリング」なんてのも味わい深いぞ。さらには「路上観察ポタリング」なんてのもある。おお、トマソン発見、なんちてね。

私の知り合いには「御当地麺類発見ポタリング」を趣味にしている人もいる。コレは少々距離があったりするけれど、要するに日帰りの気軽なサイクリングがポタリングなのだ。

都内にもポタリングに適した目的地はたくさんあるぞ。二三区にお住まいならば、とりあえず週末に東京の北東の外れ「水元公園（葛飾区）」などに出かけてみるのはいかが？意外なほどに深閑とした森、豊かな水をたたえる川と池、広い公園をめぐる道には同じようなポタリング族がたくさん走っているはずだ。

サイクリングロード

このところ全国各地で増殖中。スポーツ自転車のメッカといえるのが、この「地元のサイクリングロード」と言えるのかもしれない。

東京で言うと「タマサイ」多摩川サイクリングロードと「アラサイ」荒川サイクリングロードの代表的な二種類がある。二つとも東京を流れる大きな川の川縁。特にアラサイは金八先生が歩いていた道、と言えば雰囲気を分かってもらえるだろうか。東京に限らず、サイクリングロードは川縁に作ってあるところが多い。高低差がさほどなくて、何より「クルマの邪魔にならない」からね。クルマ云々《うんぬん》に関してはどうかとは思うが。

休日の朝に出かけていくと、ひえ、東京にはこんなにロードレーサーがいたか、ときっと驚く。バイクジャージに身を包み、ターミネーターみたいなサングラスをかけた人々が、次々に猛スピードですっ飛ばしていく。サングラスとヘルメットで一見よく分からないけど、よくよく見るとご年輩の方々も多いのだね。

当然ながら、信号機がまったくないから、彼らにとってはココは唯一無二の快適練習コースとなっているのだ。その横をぶらぶらと出かけよう。

ただし同時に犬の散歩をしている人々やお散歩のご老人たちも多いので、その辺には注意だ。あくまで歩行者優先の原則は忘れないように。ロードレーサー諸兄も歩行者には充分注意を払ってる（はず）。

さて、川縁にも意外な発見がいくつもある。

上流に向かうにつれ、川面を飛ぶ鳥の種類が変わっていく。意外なほど釣り船や釣り人が多かったりする。トランペット兄ちゃんもこんなにいたか。MTBカップルも最近増えたんだなあ。

タマサイ、アラサイはともに市町村の管轄なので、市境を越えると、その扱いがその市町村の財政状況によって、ベロッと変わる。今でも砂利道のところもあるし、歩行者と自転車をきっちり分けて、赤と緑のゴムで敷き詰められた地帯もある。

そういう違いを堪能しつつ、上流にずんずん突き進んでいくと、緑がどんどん深くなっていく。わずか三〇キロ程度で風景はガラリと変わる。おー、こんなところまで来たかぁ、と感慨に浸れる。多少ケツが痛くなるかもしれないけれど、この程度ならママチャリだって大丈夫。

往きすぎるレーサーやMTBを見ながら、お、アレはカッチョえーな、ああいうのが欲しいな、いくらぐらいするのかな、などと将来買うべき自転車を品定めするのもいいね。

【コラム——7】自転車ライフの必需品②

必需品はまだある。次章に出てくるエアポンプ（インフレーター）なども、その最たるものだ。

　最近のホームセンターには、驚くなかれ五〇〇円ぐらいから、ちゃんとした中国製のモノが売られている。異様に安い。コレでも充分使える。英式にも仏式にも対応するアタッチメントも付属だったりして、驚くばかりだ。

　ただ、よりよい自転車ライフなんてことを考えるならば、オススメは空気圧のインジケーターが付いてるタイプだ。

　本書では「空気圧は若干高めに」というのが、基調になってたりするのだけれど、でもタイヤには「適正空気圧」というのがちゃんと書いてある。それをきっちり守りたい人もいるでしょ。

　まあ、ＭＴＢやクロスバイクの場合、空気圧なんかは指先でタイヤを押してみるだけで、だいたい分かるけどね。でも、ロードバイクの場合は、ハイプレッシャーで硬いから、インジケーターは重宝するはずだ。二〇〇〇円程度から。

　スタンドも付けてみようか。コレを「必需品」というの

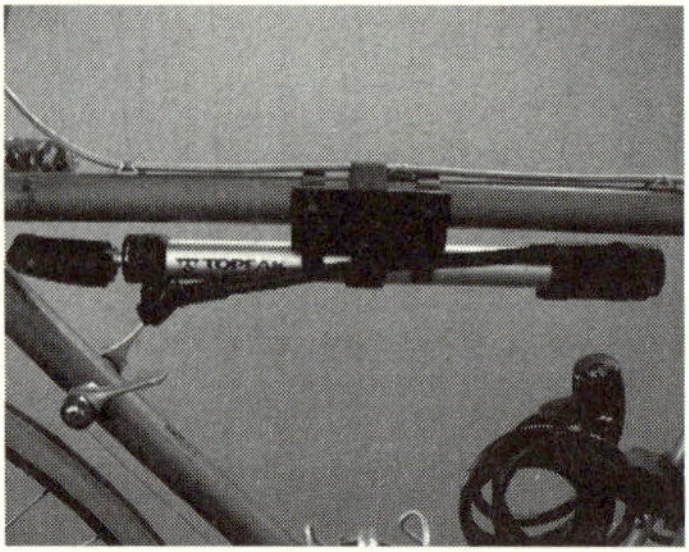

道中でパンクしたときなどに重宝する携帯用インフレーター

には少々躊躇せざるを得ないけれど、街乗りに使うのであれば、あるとかなりの場面で便利です。

　カッチョよさを損ねず、重量増のことも考えると、私の

「必需品」ではないが、あると便利なスタンド

オススメはセンタースタンドタイプ。ヨーロッパなどでは、ほとんどこのタイプだし、日本の中でも少しずつ増えてきた。
　本来スポーツタイプの自転車にはスタンドは付けない。その分重くなるしカッチョ悪くなるから。どこかに寄っからせるのが普通だ。でも、毎日のシティユースの中で、いつもいつも都合よく適当な寄っかかりどころがあるわけじゃないしね。スタンドは「必需品」とは言わないけれど、大きくオススメではあります。
　前照灯とテールランプ（フラッシャー）は、ぜひ欲しい。

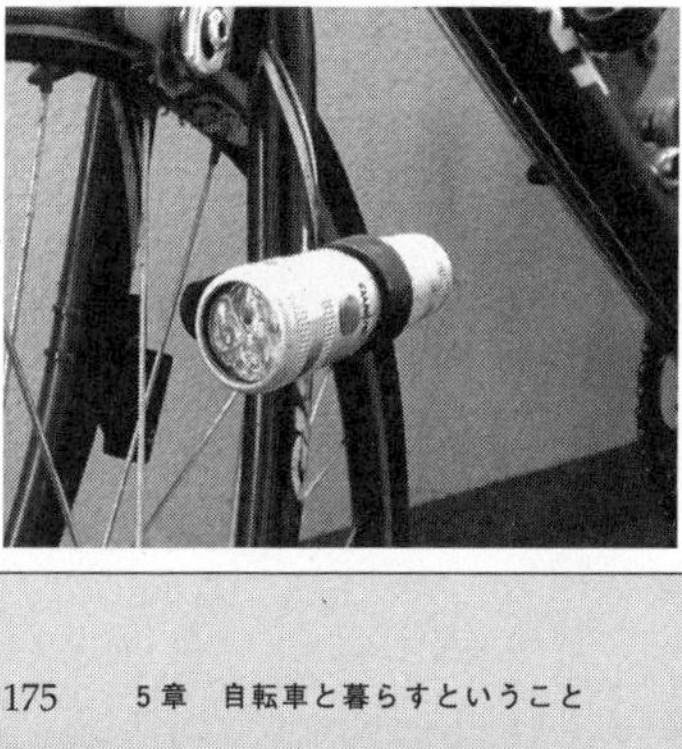
夜間走行には点灯が義務づけられている前照灯（ヘッドライト）

二つとも安全装置だからして。

　前照灯、すなわちヘッドライトは、ダイナモ式と電池式がある。ダイナモ式、すなわち自己発電形式でのライトは、ご承知の通り、ペダルが重くなるタイプね。今ではオールドタイプということになるのだろうと思う。私は結構好きだけど。

　最近はハブダイナモを採用しているタイプもあって（ハイパーママチャリに多い）、こちらのタイプはダイナモ式より圧倒的にペダルが軽い。ただし、点灯時以外にも若干とはいえ抵抗があるところが、難点といえば難点。

　昨今の流行りはやはり電池式だ。ＬＥＤ（発光ダイオード）の進歩で随分明るくもなったし、充電式の電池を使えば電池コストもそんなにかからない。

　フラッシャーというのは、赤色などのＬＥＤの点滅で、後ろのクルマに自らの存在をアピールするというもの。シートピラーやシートステーにくくりつけて使う。クルマ側からの視認性が高くて、事故を未然に防ぐ効果ありだ。二〇〇〇円程度。

後ろのクルマに自らの存在をアピールするためにぜひとも付けておきたいフラッシャー

6章

メンテナンスの基礎講座①

最近のクルマは面白くなくてね、
ボンネットを開けてもコンピュータだらけで、
いじるトコなんてありゃしない。昔気質のクルマ好きはよくそう言う。
ところが自転車は今でもいじるトコだらけだ。
昔に較べて格段に精密になったとはいえ、基本構造は何ら変わらない。
１つ１つの部品は洗練された美しいフォルムを持っているし、
きちんとメンテナンスを施せば、しっかりそれに応えてくれる。
私、機械は苦手なのよ、というアナタ。ご安心召されい、
私もそんなに得意じゃありません。それでも何ら問題はない。
私と一緒に学んでいこう。と、まずはパンク修理から。

◉パンクの直し方

「自転車修理の代表格」との風格を備えまくっているのがパンク修理であろう。何より、よーっし、自転車に乗るぞ、と思ったのはいいけど、サビだらけの自転車を引っぱり出してきたら、アレ、パンクしてるじゃん、という人もいるかもしれない。で、メンテナンス編の第一項目はパンクの修理法から行こうと思うのだ。この本のポリシーとして、パンクの修理以上に難しいことは、なーんにも書いてないから、コレをクリアすることができれば、あとは何でも楽々にできるのだ。そういう意味でも、最初に持ってくる価値はあると思う。

とはいっても、そのパンクの修理自体だって、実は簡単簡単で、よっぽど不器用な人でも三〇分以内にできる。これホント。じゃ、やってみようか。

道具

まずは道具だ。さすがにまったくの道具なしでは、簡単な筈のパンク修理も少々手こずるであろう。というかできないであろう。せめてチューブの穴をふさぐパッチぐらいは持っていなければ、たとえ今中大介先生（日本で唯一のツール・ド・フランス出場者）であろうが、できないものはできないのだ。

　とはいっても、現代はうまくしたもので、その辺のちょっと大きめのスーパーに行けば、道具ぐらいすぐ買える。何と言ってもたったの二つだもの。

　一つ目はエアポンプで、もう一つがパンク修理セット。

　エアポンプ、つまり空気入れは、あんなに大きいモノなのだけれど、最低で五〇〇円ぐらいからある。まあまあのモノを買っても二五〇〇円程度。一つ買っておいて物置に入れていても損はない。オレは自転車人だ、との気合いも入ろうというもの。

　エアポンプを買う際に注意すべきは、バルブの種類だ。

　日本のバルブは大抵の場合、イギリス式のことが多かったのだけれど（ママチャリなどは、今でもほぼ一〇〇パーセント英式）、スポーツタイプに限るとフランス式の方が圧倒的となった。その理由は仏式の方が、エアの出し入れがスムーズで、高圧との相性も良好だから。歴史上、日本は最初自転

米式バルブ

仏式バルブ

英式バルブ

車をイギリスから輸入したので、英式が日本標準になったのだというのだが、今後は仏式が少しずつシェアを伸ばしていくのだろう。ともあれバルブの種類が違う場合はアタッチメントを用意すること。

アタッチメントそれ自体はさすがにスーパーで売ってることは少なくて、専門店に行かないと手に入らなかったりする。けれど大丈夫。最近のエアポンプには大抵の場合、最初からアタッチメントが付属しています。

いっつも自転車だよん、路上で困っちゃった経験があるよん、という人は最初から携帯用のエアポンプを買ってもいいかもしれない。携帯用は三五〇〇円ぐらいになってしまって少々お高いけれど、うーん、パンク修理の本来の目的、すなわち、どこでパンクしても大丈夫さ、と言えるようになる、ということを考えると、最初からそっちの方がいいかな。

もう一つ目、パンク修理セット。これは五〇〇円程度で一〇回ぐらい使えます。中に入っているのは大抵の場合、次の通り。買ったら確かめてみて下さい。

①ゴムパッチ（シールみたいなヤツ）

②ゴム糊《のり》（シンナー遊びに使ってはいけませんよ）

③タイヤレバー（コレが重要。二本か三本入ってるはず。コレがないとパンク修理は苦行と化すのだ）

④サンドペーパー（普通の紙ヤスリだ）
⑤虫ゴム（コレはとりあえず必要ない。英式のバルブについてるゴムが裂けたとき用）
①から⑤まで、みんな小さなものだ。これ以外の、自転車屋さんに行くと必ずおいてある「水を張ったバケツ」やら「金床」だとかは、ほとんど必要ありません。何ででも代用は可能だからして。

チューブを取り出す

さて、作業を開始しましょうか。パンクしたタイヤはぺっちゃりしていますね。え？ パンパンに張ってる？ それではパンクしたとは言いません。そのまま走れます。

まずはバルブの根元のナットを外す。このナットはそんなに締めてはいないはずなので、手で簡単に回る。ついでに言うと、元に戻すときも強く締めてはいけん。リムに不必要な力がかかっちゃうからね。

リムとタイヤが固着している部分を親指で押して、外しておいてから、ぺっちゃりしたタイヤとリムとの間に、タイヤレバーを突っ込む。一本目は簡単に突っ込めるでしょう。で、レバーをテコの原理でこじると、タイヤの端っこ（これをビードという）が出てくるはず。そのビードをリムの外に出した状態で、まずはタイヤレバーの手元側のフックをスポークに引っかける。コレが第一段階。

もう一本のタイヤレバーを、外に出たビードの部分から二、三〇センチ離れた部分に同じ要領でこじいれる。今度は力がいるでしょ。でもそこはテコの原理で、無理矢理にここの部分のビードも露出させるのだ。

この時点で、バコンとかいってタイヤが外れることもある。それならそれでOK。だけど、それでもしつこくリムに執着しているタイヤの方が多い筈だから、ここの部分のレバーもスポークにフックをかける。

さて三本目。このレバーで、さらなるビードをこじり出すのだ。三本のレバーが、二〇センチ程度の間隔で並べばよろしい。これまたテコの原理だ。アルキメデスは偉大だな。

せえの、バコン。

外れたね、タイヤ。実はここのところが一番難しいところだったのだ。あとは簡単簡単。

穴をふさぐ

タイヤが外れたら、その中のチューブを出してみよう。タイヤの中には黒いゴム製のチューブが入ってるね。それをズルズルと外に露出させるのだ。大まかに出てきたら、エアポンプで空気を入れてみよう。

で、耳をすます。

シュ－ッ、と音がする部分、そこがパンクの穴。

水につけたら泡が出てくる部分、というように本職の自転車屋さんは探すのだけど、多くの場合、音だけでも見当がつく。

人差し指にツバを付けて、見当がついた部分に当ててみると、おお、空気が漏れてる漏れてる。分かりますね。いったい何が刺さったんだろうね、釘かな？　何かガラスのようなものが落ちていたのかな？

でも、実はパンクは「リム打ち」が原因であることが多いんだ。

リム打ち、っていうのは、何か段差を乗り越えるときに、タイヤがベコッとへこんで、段差とリムの間にチューブが挟まれて、結果、チューブに穴が開いてしまうことをいう。これはタイヤから空気が抜けているときに起こりやすい。だから、パンクの予防のためにも、タイヤの空気圧はいつも適当になるように注意しておかなくてはならない。空気は自然自然に少しずつ抜けるものだからね。

適正空気圧より、少し高めの空気圧。これが快調なスピードとパンク防止に役立つ。しつこいようだが以後よろしくお頼み申す。

さて、何らかの理由で穴がとんでもなく大きい場合。つまり裂け目になって、それが五

パンク修理セット

1 ナットを外す

2 タイヤレバーをスポークに引っかける

3 もう一本のタイヤレバーも同様に

4 空気を入れる

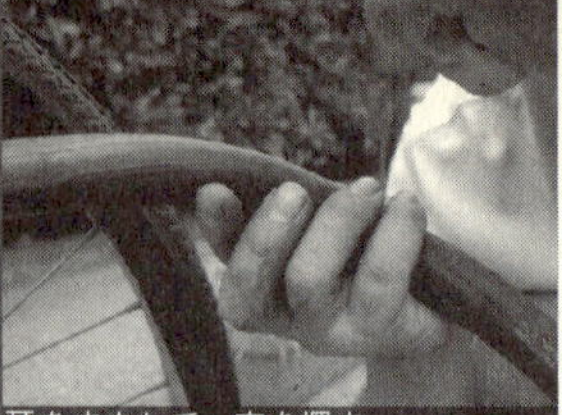

5 耳をすまして、穴を探す

6 汚れを拭く

7 サンドペーパーで擦る

8 ゴム糊を塗る

9 ゴム糊を乾かす

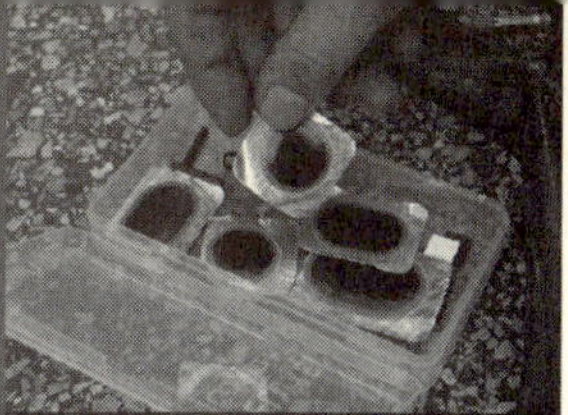
10 適度な大きさのゴムパッチを選び

11 パッチのアルミ箔を剥がす

12 穴をパッチでふさぐ

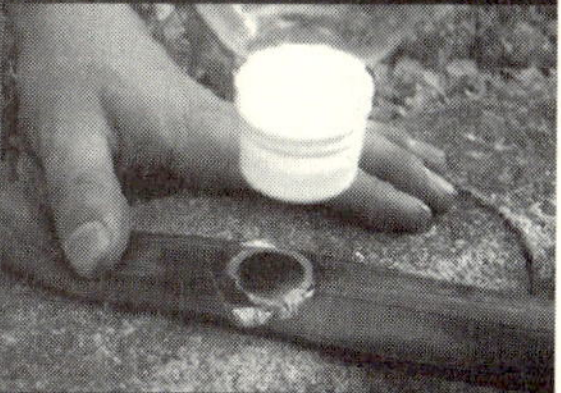
13 硬めの何かで圧着させる

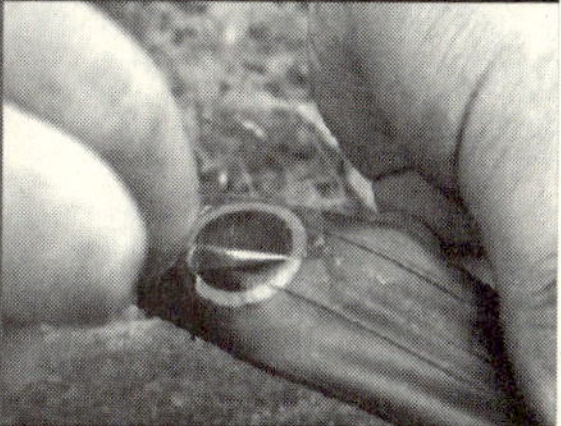
14 保護フィルムを剥がす

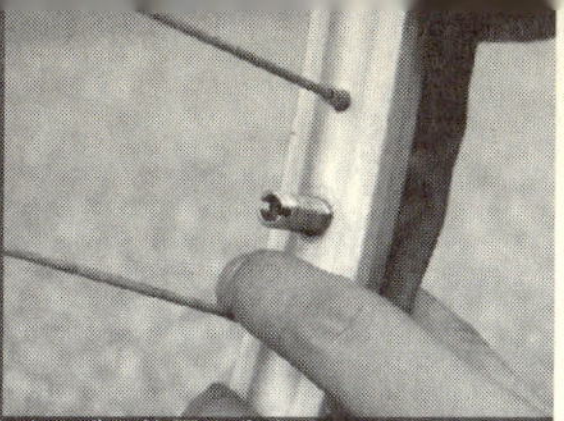
15 バルブの位置を中心に

16 チューブをおさめていく

17 ビードをはめ込む

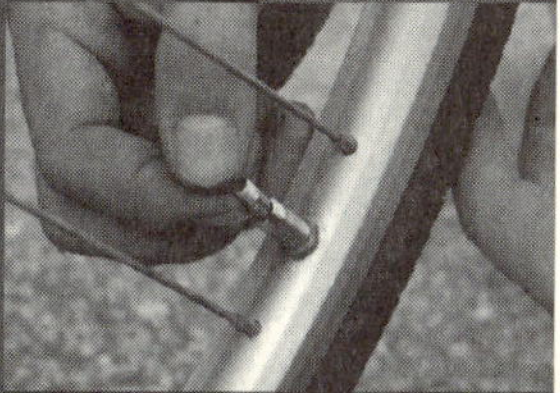
18 虫ゴムを戻して

19 空気を入れて完成

センチ以上にもなっている場合。これはチューブを交換するしかない。こういうのはパンクといわずバーストといいます。ただ、バーストなんてのは、そうそう滅多に起こるもんじゃないから、あまり気にする必要はないけどね。替えチューブ、買っても一〇〇〇円程度。自転車部品って安い。

さて、穴が見つかったら、その穴のまわりの汚れを拭って、サンドペーパーで擦ろう。ゴムの光沢がなくなって、ざらつく程度になったら、そこにゴム糊を塗る。パンク修理セットの中のゴム糊は、小さなチューブになっているから、手も汚れない。そんなにべっとり塗る必要はないけど、まあまんべんなく塗ってみてね。直径三センチ程度の円、というところ。塗ったらしばらく乾かす。五分から一〇分の間。指で触ってべとつかなくなる程度だ。

ゴム糊が乾いたら、ゴムパッチのアルミ箔を剝《は》がす。アルミ箔がついてた部分が接着面。で、その面を下にして穴の上をパッチでふさぐ。しかして、手のひらでバッチンバッチンと叩こう。拍手するように。

でもそれじゃ足りないから、そうだな、まわりを見てみて。ちょっと大きめの石などがあったら、それでコツコツと叩いてみようか。空きペットボトルのフタの部分でも何でもいいです。要するに硬めの何かで接着面を圧着させるのだ。自転車屋さんは金床の上、木《き》槌《づち》で打つ。でも、そこまでしなくても、きちんと接着できるから大丈夫だよ。接着できたらパッチの保護フィルムを剝がす。

これでパンク修理自体は終了。三分ほど待って、その状態で、再び空気を入れてみる。音がするかな？　しませんね。もしまだ音がするようだったら、同じ行程を繰り返してみて下さい。

元に戻そう

さて再び空気を抜いて、チューブをタイヤの中に入れる。チューブはかろうじて丸い形になってます、という程度に空気を残しておくと作業がしやすい。まず、バルブがあるところを中心にして、タイヤの中にチューブをおさめていく。この際にチューブがねじれたりしないように気をつけて。

タイヤの中にチューブがおさまったら、ビードを再びリムにはめ込んでいく。これも一番最初はバルブのあるところから。ここがずれると最初っからやり直しになるからして。

途中までは力もいらずにはまり込んでいくと思うけど、最後の最後がはまらないんだよね。慣れてきたら、うん、と親指で押し込むこともできるけど、やっぱり最後はタイヤレバーのお世話になろう。はめ込んだところまでを手で押さえて、一番最後は、例によってテコの原理だ。外すときの反対のやり方ね。

全部がはめ込まれたら、親指でタイヤを押し込みつつ、タイヤをクルクル回して、ビードとリムの間にチューブが挟まれてないか確かめていこう。

大丈夫だったら、バルブをタイヤ側から押しつけて、バルブの部分に外したナットをクルクルと入れていく。指で締める程度で充分だ。

コレでおしまい。空気を入れよう。

できたできた。ここまでの所要時間はどれぐらいだったかな？　きっと三〇分かからなかったでしょう。それでいいのだ。

[コラム――8] クリティカルマス

クリティカルマスという集まりをご存じだろうか。

東京、京都などで、一月に一度、自転車に乗った若者たちが集まって、車道を占拠してしまうという、ある種のパレードのようなものだ。

東京だと渋谷のNHKホール前で、毎月の最終土曜日に「発生」する。毎回の参加者はだいたい三〇～五〇人。表参道や明治神宮方面を、一時間程度かけて練り走る（?）。代表者はいない。あくまで自然発生という建前だ。

「クルマに占拠された道路を取り返す」というのが、とりあえずの趣旨。だが本来の趣旨などはあまり重要でないのだという。様々な格好で様々な自転車に乗った若者が集まって、とにかく自転車に乗る。ちょっと先端系、アングラ系の人々が多い。

いったん「発生」すると、ちょっとした迫力だ。もちろんクルマには迷惑に違いないんだが、クラクションをならされることは思ったより少ない。傍目《はため》にヘン過ぎてこわいからなのかもしれない。

あくまで自然発生。だが、世話人のような人がまったくいないワケじゃなく、その一人、榎本雄太氏に話を聞いた。

ちなみに榎本氏は元メッセンジャーで「バイシクル・オルタナティブ」というウェブサイトを主宰していた。いわばバイシクル・アクティヴィスト。つまりは自転車を使って何らかの行動を起こそうとする人、とでも言うべきか。

「ルーツはアメリカにありました。サンフランシスコで一九九〇年代初頭に始まった。今となっては世界に飛び火して、日本でも東京に限らず大阪、京都、横浜などでも発生しています」

ふーむ、自転車を交通手段

榎本雄太氏

として認めさせるために？

「そのあたりが実は少々違う。統一された主張などは我々は掲げません。だからこそ主催者だっていないのです。開始時間やスタート地点、走行ルールなど、決まりのようなものがまったくないワケじゃありませんが、基本的にすべてが自由です。だから、参加者はその時々によってまちまち。脱クルマ社会を唱えるエコロジー推進派もいれば、ただ単に面白がり、目立ちたがりというだけの人間もいる。お祭り気分を求める、みたいなね。それでいいと思っています」

　で、車道を占拠する、と。

「そう。批判はたくさんありますよね。それは分かっているんです。しかし、道路は本来クルマだけのためのものなのかどうか。そこには大いに疑問があるのも一方の事実です。あの渋滞はクルマによる道路の占拠とは言えないのか。現在の交通システムは、システムとしての矛盾をはらんでいる。

　その中で、自転車というある種アナーキーな交通手段を解放したい、という意志。そこからスタートしているのです。が、そうはいっても、それを『政治運動』のような堅苦しいものにも、拘束性の高いものにもしたくない。それぞれはそれぞれの自己責任の下に、ただ単純に偶然に集まる、つまりは発生するのがクリティカルマスなのです」

　榎本氏は九八年、ワシントンで行われた「CMWC・サイクルメッセンジャーワールドカップ」に参加した経験を持つ。その後もサンフランシスコ、シカゴなどで行われる自転車関連の世界集会に積極的に参加している数少ない日本人だ。

「でも、かといって日本の交

通をどうしたい、というような考えはありません。以前はそう思ったこともあったけど、今の私は行政には期待しない。期待すると『こうしましょう』と言わなければならなくなる。それが私にはつまらないことに感じられるのです」

ならばどうあればいいと？

「拘束性がないからこそ、人は自然に気づけることもある。自然に集まって、それぞれに好きなことを言って、やがてそれが分散していくことに価値があると思っているんです。規制されてない中で、しかしある種、整然とした動きができていく。それがメソッドとして共有されていけばいい」

難しいことを考えているのですね。

「そうでしょうか。しかし、そういうことを考えられることも、自転車の良さではありませんか？

私が最近考えているのは、自転車を核に据えた、ある種の会社を作ることです。それは必ずしもメッセンジャー会社を意味しているわけではありません。そういう業務があってもいいけれど、基本的にはバイシクルカルチャーのセンターとなるような会社。雨が降ったときに傘になれるような場所、自転車をいじりたい人はいじれるような工房、自転車に付随する様々なサービス、そういうものが複合的に集まる会社を作りたい。メッセンジャー仲間などと今も画策中です」

「人の迷惑になることをするな」「過激な行動からは何も生まれない」「意味不明」と、クリティカルマス自体を批判することは簡単だ。だが、私はこの「行動」を決して嫌いではない。

私はやらない、とは思うものの、そういうことをする人がいてもいい。

その理由の一番手は、やはり自転車が交通システムのマイノリティであることを私自身もしょっちゅう感じているからだ。多少、過激な行動でも、マイノリティは自己をアピールしなくては、決して周りからは何も変わってはくれない。

　社会に疑問を投げかけることから始めていく。いまだに自転車がそうした立場に置かれているのも、まだまだ事実であるのだから。

〔文庫版の附記〕

　クリティカルマスは、今となっては下火になってしまった。

　若者たちにとって当初、オルタナティブカルチャーの一つとして捉えられた「自転車」が、次の段階に突入したことの証左であろうと、私は考えている。

　クリティカルマスが下火になったのにかわって今、「市民自転車イベント」と呼ぶべきものが増えに増えている。「市民レース」などは、自転車で渋滞ができるほどだ。

　「アースデイ」が四〇〇人、「東京自転車ライド」が一二〇〇人を集め、「乗鞍ヒルクライムレース」にいたっては、毎年四〇〇〇人もの参加者を誇る。しかも、募集は即日〆切りである。

　クリティカルマスは、様々な試行錯誤のうちの一つだった。

　だが、そのような試みの末に今、自転車カルチャーの花が開きつつあることは間違いない。

7章

メンテナンスの基礎講座②

さて、もちろんパンク以外にも
メンテナンスはたくさんあるわけで、
ここではそれ以外のものを。
ただし前述の通り、パンク修理以上に難しいものは
まったく出てこないので、ご安心を。

◉まずは拭こう

自転車のメンテナンスの基本は一にも二にも拭くことだ、と私は思う。

ぼろタオルで愛車を撫《な》でていれば、ガタつくところもすぐに発見できるし、錆びてるところも傷の付いてるところも分かる。すぐに対応ができる。何より、自転車ってこういうふうにできてるんだ、とアタマの中に沁み通る。コレが重要なポイントだ。

ぼろタオルを二枚用意しよう。一枚目は、チェーンを拭ったりするのにも使うから、もう、すぐに真っ黒けっけになる。油も沁みて、拭うだけで自転車が油で光るようになる。同時に手にするだけで、手も汚れることになるであろう。だから、扱いに注意が必要なタオルになる。同時にこのタオルを持っていると、奥さんや彼女が逃げていくことにもなる。もう一枚は、その上できれいきれいに拭くタオル。これは清潔であるに越したことはない。でも、すぐに汚くなるから、ご安心を。

どちらにしても、ある程度になったら、風呂場で洗おうね。

洗濯機なんかに入れたら、奥さんやお袋さんにものすごく怒られるから、気をつけるように。

洗面器に水を張って、洗濯用洗剤を入れて、グジャグジャやってれば、ある程度落ちるから、ついでに手も洗ってしまおう。タワシで擦ると爪の間の黒い汚れも落ちる。ただ皮膚の弱い人にはお勧めしません。その場合は、いつもの手洗いソープで洗ってね。

さて、そのぼろタオルで拭くべきポイントは……、ポイントというポイントは特にない。全部をまんべんなく拭いていただきたい。ブレーキまわりなどは何となく黒ずんでくるから（シューの摩耗カスと路上の汚れが集中する）、その辺が中心といえば中心かな。

フリーホイール（後輪の歯車がジャガジャガあるところ）やチェーンなどは、むしろ、せっかくの油が落ちてしまうから、そこまで頻繁に拭くことはない。手も汚れるし。

要は一カ月に一度、ぼろタオルで撫でてやればいいのだ。それだけでも周りの自転車とは随分違う愛車になる。一カ月に一度、それが重要だよ。それ以上でも以下でもない。一週間に一度、なんて言ってると続かなくなる。自転車はほっとくと、すぐにホコリを被ってしまって、それを放置していると、またいつかでいいや、てなことになって、乗らないままにアッという間に半年や一年は経ってしまうのだ。そんなになってしまったら、元も子もないので、ひと月に一度。でも必ずひと月に一度だ。

人間、なぜか撫でられると嬉しいのと同時に、撫でてると愛着も湧いてくるというヘンな動物でもあるし。ね。

さて、フレームを拭いてると、どうしても気になってくるものに、走行中に小石が跳ねてできたり、駐輪の際に不用意にガードレール側に倒しちゃったりしてできた傷がありますね。気にならない人は気にならない人で、別段そのままでいいのだけれど（私なども「年輪だ」ぐらいに思ってしまう）、気になる向きは、オートバックスなどの自動車グッズ屋さんに行って「タッチアップペイント」というのを買ってくるといい。口紅ぐらいの大きさで、中にペンキと筆が入ってるヤツ。

クルマのペイントというのは、知っての通り、ホントに色んな種類があるから、似た色を選んでくると、小さな傷なんかはホントにちょっと見には分からないぐらい、きれいきれいに修正できてしまう。

メタリック系でも大丈夫。ちなみに私の自転車は「トヨタ・カローラⅡ・シャンパンゴールドメタリック」というのが（なぜか）ピッタリでした。

まあ、気にしないとはいうものの、あんまり大きな傷で、下の金属が見えてたりする場合は、是非ともタッチアップしておこう。クロモリなどスチール系のフレームの場合は特にね。その部分から錆びちゃうから。

◉必要最低限はプラスドライバーと六角レンチ、それとモンキーレンチ

次に気づいてくるのが、あれ、この辺り、ガタガタしてるな、という部分だ。特にドロヨケなんかついてると、まずその付け根部分がガタガタしてくるでしょ。また、サドルがフニャフニャすることもある。さらに、ハンドルも、ブレーキも。要するに各部のネジで取り付けられた部品はみんなフニャフニャしてくることがある。

そうなったら拭いてるだけじゃダメなんで、工具を取り出そう。プラスドライバーと六角レンチ（コレをなぜか自転車界では「アーレンキー」という。よって以下、アーレンキー）。

この二種類で締められない（外れない）ネジは、自転車の場合、あまりない。

さらに、ナットという存在が若干あって、コレを回すために、比較的小さなモンキーレンチを一つ。最小限の工具はコレですべてだ。この三種類のウチのどれかが、当該のガタガタする部分のネジに合うはずだ。それで増し締めをしていこ

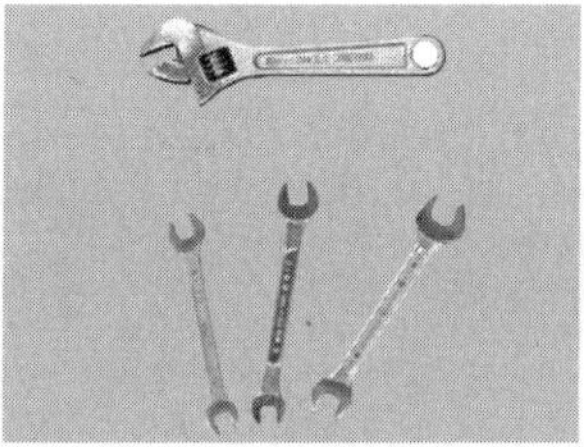
モンキーレンチとレンチ各種

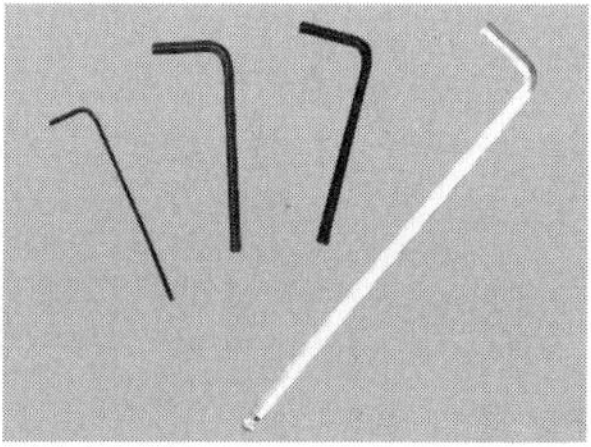
アーレンキー

う。緩んだネジをキュッと締めると、新車当時のカッチリ感が蘇《よみがえ》ってくる。

コレで回せない何か（BB周り、ヘッドパーツなど）が関連してる場合は、自転車屋さんに任せるべし。その辺がおかしいということになると、手に負えないトラブルの場合も多いから。

もしくは、もっと専門的な本を参照すること。そこまでは本書は手に負えないのだ。何と言っても私が書いているのだからして（威張ることじゃないね）。

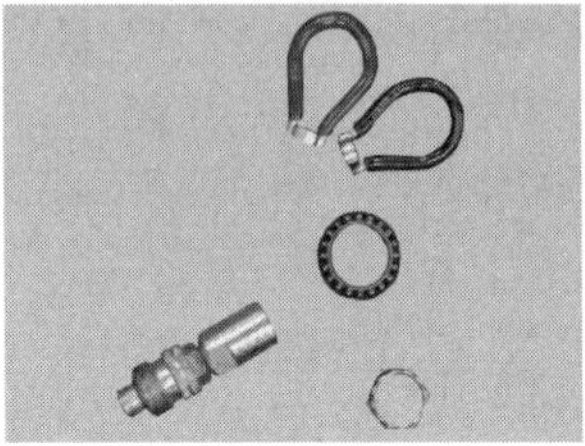
怖くて使えない工具類

実は、私も大がかりな「自転車修理キット」みたいなものを持ってはいるけど、この三種以外は（情けないことに）ほとんど使ったことがないです。チェーン切りとペダルレンチを若干使うかな、というぐらい。コッタレス抜きやニップル回し（下手に回すとリムが歪むぞ）なんぞ怖くて使えませんです。ちょっと大袈裟ではあるけれどね。

緩んだネジは、ないかな、ないかな？

自転車を持ち上げて、一〇センチぐらいの高さから、落としてみてもいい。ネジが緩んだ箇所は落としたときにカチャカチャいうんで、そこを探し出して増し締めするというのも手だ。

ただし、少しだけ注意。

確かに必要最低限の工具は、前述の三種だけど、サイズの違う工具を使うのだけはさすがにやめた方がいい。ネジ山を潰したり、最悪の場合、部品を壊してしまうこともあるから。そこは気をつけて。

◉ケミカルスプレーが大活躍

続いて、油を注《さ》してみよう。自転車っていうのは、どこをとっても回転部品だらけで、金属と金属が触れ合い、擦れ合い、馴染み合うところがたくさんあるのだ。長い間、乗ってるとその金属同士が接しているところを潤滑させる油が切れてくる。それを足してやる。

とは言っても、プラスティックの容器に入った、昔のミシン油みたいなヤツをツーッと注すのは、最近あまり流行りでない。なぜなら、うーんといい潤滑ケミカルスプレーがたくさん出てるからだ。

大まかに分けて二つ。

古い油や汚れを落としてきれいきれいにするタイプのケミカルスプレー、コレは揮発油系のモノが多い。ちなみに有名な「クレ556」っていうのもコレの仲間。ホームセンターなんかで時々、激安で売ってますね。こいつはお手軽で結構重宝するので、見かけたら買ってきておいてもいいかもしれません。

で、もう一つが、部品に付着したまま、蒸発せずに、潤滑油の役目を果たすケミカルスプレーだ。

一つ目のスプレーを吹いたら、拭いて乾かした後に必ずもう一つのスプレーも吹くこと。この両者はペアと思っていた方がいい。吹くところは、ブレーキ（ゴム部分以外）、ディレイラー、フリーホイール、チェーンホイール、そしてチェーン。

ディグリーザーと潤滑スプレー

また、一つ目のスプレーを吹いちゃダメなところもある。BB、ペダル、ヘッドパーツ、前後ハブだ。これらの箇所はベアリングボールが中に入ってて、それがグリスで支えられている。ココにかけてしまうと、悪くすると中のグリスが溶けて流れ出てしまうから注意が必要だ（とは言っても最近はシールドベアリングだらけだから、あまり神経質にならなくても、ちょっとぐらいかかっても大丈夫だからね、ココだけの話）。

最初の油落としスプレー（クレ556じゃなくて、もっと本格的なものをお望みであれば）は、ちょっと大きな自転車屋さんに行くと、自転車用に「ディグリーザー」という名前で売っている。八〇〇円程度。またはクルマ用のブレーキブレード用の汚れ落としでも代用がきく。コレは実に強力で、驚くほどキレイになる（後のコラムに出てくる「ブレークリーン」というのがコレだ）。けど、それだけ強力に油を落としてしまう、ということなので、第二の潤滑スプレーを忘れないように。

この潤滑スプレーをきかせることは、一方で、サビの予防という側面もあるので、まあ、なるたけ頻繁に行うことはオススメではある。いかにアルミ部品が増えた昨今とは言っても、チェーンやキャリア、細かいネジなどはやはり鉄だから。この辺りから、やはり錆びるものは錆びる。

また、かけすぎにも注意。潤滑スプレーが過剰状態にあると、ホコリとか、路上のゴミとかをくっつけてしまって、それがかたまり、トラブルの原因になったりもするからね。

◉ディレイラーの調整

さて、ここからちょっとだけ機械っぽくなってくるぞ。リアディレイラーの調整だ。でも、機械っぽいのは、ほんのちょっとだけだからご心配なく。

同じ自転車に乗ってしばらく経つと、次第に変速がうまくいかなくなってくる。以前だったら、カチッカチッと決まったところが、同じ三速なら三速に入れようとしても、ギャリギャリギャリとね。コレが不快なのだ。不快なだけでなく、そのまま長く乗っていると、フリーホイールがヘンなふうに摩耗してしまうし、ディレイラーにとってもいいワケはない。

原因は多くの場合、ワイヤーの緩みだ。ディレイラーのワイヤーが緩んでしまって、シフターが本来、巻き上げるべき長さを巻き上げることができなくなってしまうのだ。その結果、たとえば三速ぴたりに入れようと思ったところが、二速と三速の間あたりにディレイラーが動いてしまうというわけ。

コレを直してみよう。

簡単です。まずはワイヤーが緩んだのだから、その分を引っ張ってやればいい。最初にするべきはワイヤーの被覆付近についているワイヤーテンションアジャスターを回すこと。反時計回りに回すと緩んだワイヤーが締まってくる。少しずつ回しながらディレイラーを動かして確かめていく。大抵はこれだけで直ります。

それでも直らない場合。

今度はディレイラーをよく見てみると、ワイヤーが取り付けてある部分があるでしょ。ディレイラーの中で一番目立つ「腕」のような部分の近く。ココを例の六角レンチ「アーレンキー」で締め直してみる。

まずはリアディレイラーのシフターを一番ワイヤーの張りが緩い側に動かしておく。んで、ディレイラーのワイヤー部分の六角ネジを緩める。左手でディレイラーを押さえながらね。押さえてないとディレイラーには結構強いバネが内蔵されているので、ビヨーンと撥《は》ねてしまうのだ。

で、ネジを緩めたら、ワイヤーを二、三ミリ程度引っ張る。あまり引っ張りすぎてはいけません。多くてもせいぜい五ミリがいいところ。ワイヤーに適度の張りができたらＯＫだ。しかる後に、ディレイラーのバネが撥ねないように注意しながら、六角ネジを締めていく。簡単でしょ。その上で例によってワイヤーテンションアジャスターを調整するわけだが、そのままだと時折、変速の際に、チェーンが外側や内側に外れてしまうことがある。そこで、ネジ調整の出番ということになるのだ。ディレイラーをよく見ると、プラスドライバー用のネジが二本あるはずだ。例の「腕」の部分の横っちょ、もしくは上側ね。二つ。このネジは、実はディレイラーの動

ディレイラーのワイヤー部分の六角ネジ

ワイヤーテンションアジャスター

く範囲を調整するネジなのだ。

通常フロント側が重いギアの方、リア側が軽いギア。H（ハイ）、L（ロー）などと刻印されているものもある。

ペダルを回しながら変速してみると分かるけど、ネジを締める方に回すと、ほら、一段目に入らなくなったりするでしょう。逆に回すと今度は逆に変速する際にチェーンが外れちゃう。コレを適当なところに調整するのだ。

ネジを回して、最重と最軽のギアをピタリのところに持ってくる。ちょっと慣れが必要だけど、なに、そんなに難しい話じゃない。ペダルを手で回して確かめながら、プラスドライバーを回していく。最も重いギアと軽いギアが決まれば、その間のギアは大抵の場合、おのずときっちりいきます。

まあ、そんなに滅多やたらにやることじゃないけどね。

それから注意すべきなんだけど、ココで書いたのはあくまでリア。

フロントディレイラーはあまりいじっちゃいかん。リアよりも構造は簡単に見えるのだけれど、調整は難しい。おかしくなってきたら自転車屋さんに任せること。だいたいフロントディレイラーはリアほどシビアなインデックスタイプじゃないから、アジャスターの

ディレイラーの調整ネジ

範囲以上にヘンになることはあんまりありません。

（とは言ってもフロントのチェーンがあまりにペダル側、ＢＢ側に落ちるような状態だったら、ディレイラーのネジをちょっと捻ってみよう。これまたアウター側インナー側と二つのネジがある。それぞれが動き過ぎなのだから、それを押さえる。半回転ぐらい回してみて、ちょっと渋めにしておくといい）

◉ブレーキの調整

これまたワイヤー関連となるのだけれど、ブレーキもいつの間にかワイヤーが緩んできて、ききが悪くなってくることがある。レバーを握ってもスカッとした感じで、ききが良くない。

これまたアーレンキー一本で直る。しかも、ディレイラーよりも簡単だ。

まずは、ディレイラーと同様にワイヤーテンションアジャスターだ。前後ブレーキのワイヤーの付け根に発見できるでしょ。コレを一番締めた状態（つまりワイヤーは緩んだ状態）にする。そして、ディレイラーと同じく、ワイヤーがブレーキ本体にくくりつけられている六角ネジをアーレンキーで緩める。この際にも、ブレーキ内部にはバネが内蔵されているので、撥ねないように左手で押さえながらね。また、クイックリリースがついている場合は外しておくこと。

そうしてワイヤーを二、三ミリぐらい引っ張って、再びネジを締める。ディレイラーとまったく同じことだ。このとき、憶えておくべきことは、ワイヤーは「ほんのちょっとだけ緩いかな」ぐらいに締めておくこと。それで充分だ。なぜかというと、クイックリリースを締めることでワイヤーのテンションが上がるし、先のテンションアジャスター、手回しネジで調整が可能だからだ。

アーレンキーで締め付けたら、その手回しネジを回そう。コレを緩める側に回すと、ワイヤーは逆に締まる。作業の前にいっぱいに締めていたはずだから、緩める余地はたくさんあるはず。だいたいネジ山、二つ三つ程度でききがピッタリになるといいね。それ以上だと、この部分の強度に若干の問題が出てくるのだ。

さて、レバーを握ってもスカッとした感じはなくなった。

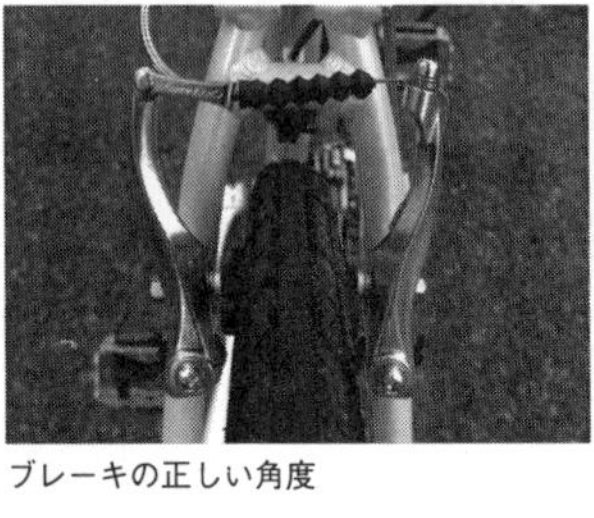

ブレーキの正しい角度

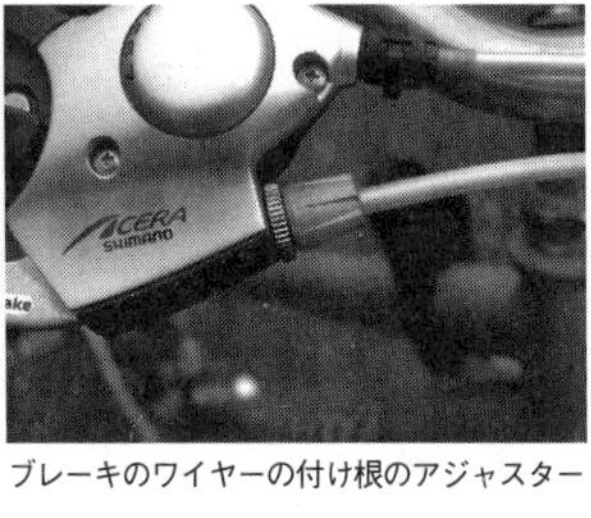

ブレーキのワイヤーの付け根のアジャスター

でも、よくよく見ると、何だかブレーキの片一方だけが、リムにくっついていたり、片側だけが、リムに接触するのが遅れたりする。またはブレーキ全体が何だか斜めになっているような感じだったりね。

これがいわゆる「片きき」というヤツだ。コレはフレームに固定されている部分のネジを回して、調整しなくてはならない。またまたアーレンキー登場だ。

いったん緩めてから、ブレーキの位置を手で正しい角度にし、その角度を左手で押さえるような形で、アーレンキーで締めていく。コレは多少強めに締めるといい。

乗ってみよう。おお、ブレーキがキュッときくようになった。この感覚が気持ちいいよね。

ん？　手応えはあるんだけど、あまりきかない？　そういうことはあるのだ。それは次の項目で。

◉ブレーキシューの交換

ブレーキの調整がしっかりされていても、ゴムの部分、ブレーキシューが摩耗していたり、寿命だったりすると、ブレーキはききにくい。さあシューの交換だ。ブレーキシューは消耗品だから、新しいに越したことはないのだ。さらに命に関わる部品だからね。替えよう替えよう。安いし。ロードレーサーの高級品だって、ワンペアで五〇〇円程度。専門店で買ってこようか。ホームセンターなどでも売ってるよ。

その際にブレーキのメーカーと品番を確かめておくこと。ブレーキ自体をよく見れば「SHIMANO」とか「DIA COMPE」とかメーカーの名前と型番が書いてあるから、それ用のシューを、と店員さんに言うこと。合わないシューも中にはあるから、気をつけて。

シューの交換は実に簡単で、例のアーレンキーで古いシューを外して、新しいのを付けるだけ。

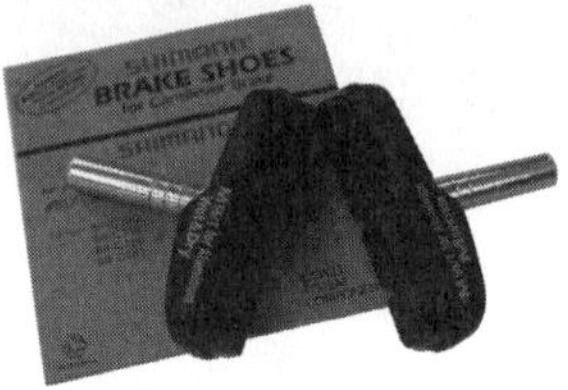

ブレーキシュー

この際、気をつけるべきは、シューにも前と後ろとがあることだ。よくよく見てみると、シュー自体に「こっちがフロント」だと矢印付きで書いてある。そちら側を前方にすることね。コレを間違えると、シューの寿命が格段に縮んでしまう。注意。

新しいシューを取り付けたら、アーレンキーで締め付ける前に、位置の調整をしておこう。ブレーキレバーを握って、シューがタイヤを擦らないように。シューが触れていいのはあくまでリムだけです。タイヤを擦りつけるようなことになっていると、すぐにタイヤがダメになってしまうからね。
斜めにならないように、リムと平行に左手で押さえたら、右手でアーレンキー。
さ、できた。どうです？　新車のようなブレーキの感覚が蘇ってきたでしょ。

ディスクブレーキの場合

最近のちょっと値段の張るMTBだと、ブレーキがオートバイのようなディスクブレーキになっていることも多い。ただ、コレは本書の手に負えません。ディスクブレーキは非常に微妙な調整が必要な上に、部品自体もかなりデリケートなので、ディスクブレーキにトラブルがあった場合は、買ったお店に直行すること。ヘンにいじると壊れます。ワイヤーレス、油圧式なんかの場合には、オイル漏れなど起こしてしまっては目も当てられない。メンテナンスフリーのものも多いんで、以前のものよりも格段に進歩しているのだけれど、自分で調整ってのはね。相変わらず、ちょいと難しいのだ。

◉ごくマレにだけどハンドル、BBがガタつくことがある

ハンドルのガタつきには二種類あって、一つはステムの取り付けが緩んでいる場合。
コレはステムのアタマの六角ネジを締めることで、即、解決する。アーレンキーだ。

もう一つの場合、ヘッドパーツが緩んでいるとき。ハンドルとともに何だかフォークがぐらぐらするなぁ、というのがこの場合にあたります。コレは自転車屋さんに行って締めてもらおう。滅多に起こらないから、これだけのためにあの大きなレンチを二本も買うのは馬鹿馬鹿しい。

それから、BB、つまりペダルクランクの付け根が緩むこともある。力を入れて漕ぐたびに「ピキッ」とか「パチッ」とか鳴くのがそれにあたります。これまた自転車屋さんで締めてもらおう。

ペダルクランクの付け根

BBは自転車部品の中でも大きな力がかかる上に、ベアリングボール満載で、なかなか素人の手に余る部分だ。ココをいじるのは病膏肓に入ってしまってからにしましょう。

さらに、素人レベルの（つまり本書の）手に余る部分は次の通り。ハブ（車輪の軸）の中身、フレーム関連のトラブル、スポークおよびリム関連、これらの部品がおかしくなったときは、素直に自転車屋さんにご相談だ。無理して壊してしまっては元も子もないからね。

◉チェーンを交換してみようか
（これがラスト。もう難しいことは言いません）

自転車にだいぶん慣れてきて、もう一年にもなるかなぁ、というような頃。自転車自体は相変わらず快適快適なのだけれど、どうも以前に較べてうるさくなった。昔は文字通り「ものも言わずに」走っていたのに、どうも最近、駆動系が「チリチリチリチリ」という。

油も注しているし、色々な部分のネジも締め上げてるし、おかしいなぁ、寿命なのかなぁ、なんてね。寿命はチェーンに来ているのです。つまりはチェーンが伸びてしまっているのだ。

チェーンは脚の力を駆動系に伝える大切な部品なんだけど、毎日の使用で実に実に過酷な状況に置かれているのはご想像の通り。コレを定期的に交換してみるのが、自転車に長く快適に乗るコツだ。

交換してみると違うぞう。ホントに新品時の感覚が蘇ってくるからね。

人によっては（自転車屋の頑固オヤジタイプにちょっと多い）「チェーンとギアとはセットのもので、馴染みができているから、不用意に取り替えてはいかん」という人もいるにはいるんだけれど、私はそれは迷信だと思う。

ギアとチェーンとの「馴染み」は、新しいチェーンで乗りこなしていると自然に解決するものだし、そもそもチェーンは伸びるけど、ギアが伸びるなんてことはあり得ないのだ。何だか私は「運動中には水を飲むな」という昔の中学の体育教師を思いだしてしまうよ。まあ、そんなことはどうでもいい。とにかく交換だ。交換だったら交換だ。

チェーンは高級品でも二〇〇〇円強。八〇〇円程度からもある。一五〇〇円を少し超えるぐらいのものを買って、それを一年に一度程度で替えていけば、随分と贅沢な自転車ライフだね。そのあたりの線でいこう。チェーンの交換は自転車屋さんに頼んでもいいんだけど、意外と簡単なんで、自分でやってみることを前提に。

最初に用意すべきなのは「チェーンカッター」だ。

さあ、コレこそ自転車工具中の自転車工具だって感じ。でもこれまたそんなに高くないから安心して。二〇〇〇円以下であります。一年に一度替えてみるぞ、ということならば、いちいち自転車屋さんに頼むよりもチェーンカッターを買った方が絶対に安くすみますからして。

カッターなのに刃物がどこにも付いてないぞ？　そうなのだ。カッターと言うより「ピン抜き」と言った方が実状に近い。ハンドルをグルグル回してピンを抜けばチェーンは自然に切れてしまうのだ。

さあ、まずは古いチェーンを切ってしまおう。

ディレイラーを前ロー後トップ（つまり一番チェーンがだらんとするポジション）に合わせる。前後のディレイラーに比較的力がかからないし、チェーンのテンションも低いんで、作業がしやすいのだ。

チェーンカッターのハンドルを一番外側に回した状態で、チェーンカッターの溝をチェーンに当てる。ピタリとはまるところに入れると、チェーンのピンとカッターのネジ先（みたいな部分）が一直線になるはずだ。そしたらハンドルを時計回りに回していく。

ネジ先がピンにあたったら、気持ちいい抵抗感があるでしょ。それをものともせずにグリグリとハンドルを回していく。するとあるところから抵抗がぺろっとなくなってしまいましたね。

あ、と思ったら、ポロンとピンが外れるはず。

ピンが抜けたら、チェーンは自然に切れる。外れたチェーンをリアディレイラーの方から抜き取っていきましょう。お

チェーンカッター

お、外れた外れた。何だかメカニックになった気分だよ。でもカーンタンだ。うっひょ。

今更ながらの注意だけど、チェーンは真っ黒に油で汚れているから、軍手で作業した方がいいかもしれないね。さらに言うと、フロントのチェーンホイールは思いの外、鋭い。素手でやってると、力を入れたときに、ホイールのギザギザで手を切ってしまうこともある。気をつけて。

さて、新しいチェーンを袋から出そう。新しい油で黒光りに光ってる。何だかカッチョいいよね。

古いチェーンよりも若干長いはずだ。コレを同じ長さに切ってみる。

チェーンの切り方は同じなのだけど、古いチェーンとコマ数を同じにすることが肝要。元通りのコマ数と、元通りの長さ。それが自転車を新品に蘇らせる。

新しいチェーンを適正な長さに切ったら、さっきと逆の作業で、チェーンを装着しよう。フロントディレイラーのガイドを通して、リアディレイラーのガイドプーリー（小さな二つの歯車）を慎重に通していく。このときもケガをしやすいんで気をつけてね。

両方のディレイラーをチェーンが通過したら、チェーンの端と端を重ねてピンを通す。

このときフロントはギアを噛んでいる必要はないんで、ＢＢの方に落としてしまおう。その方が作業もやりやすい。

ピンは新しいチェーンに同封されているはずなので、そいつを使おう。

チェーンの繋ぎ方は、外し方とそっくり同じ。

まずはチェーンの端と端を重ねるようにして、ピンをチェーンの端の穴にグリグリとねじ込む。しかる後に、チェーンカッターのハンドルをまたもや一番外側に回した状態にしてからチェーンカッターの溝にセットする。

ハンドルをまたもや時計回りに回していく。逆のパターンで、ピンがチェーンの穴に吸い込まれていきますね。チェーンの中にピンがピッタリ収まったら、余りの部分は折ってしまおう（余りが出ないタイプのピンもあります。その場合はチェーンの中にピンが収まった時点でおしまい）。ピンにはちょうど刻みが入っているから、チェーンカッターにくっついてるピンカッターでポキンと折れてしまうはず。

これでおしまい。簡単でしょ。

ディレイラーを動かしてみて、前後のギアにチェーンを噛ませよう。ペダルを手でグルグルと回してみる。で、潤滑スプレーをほんの少しかけてみて、さらに回す回す。おや、音がしないぞ。

さあ、乗ってみよう。

うっひょー、新品みたいだぁ～、気持ちいい～～。

[コラム――9] 頑固なサビの落とし方

古ーいママチャリを引っぱり出してきた人。もしくはむっかしに買ったMTBだけど、まだ使えるかな？　の人。私のかつての自転車もまさにそうでした。

さあ、再生だ。必ずできる。ちょっと乱暴なやり方だけど、半日かければピッカピカになる筈。ただしコレは「捨てよかな、どうしようかな」というぐらいにまで古びた自転車向きのやり方。ちゃんとしてるチャリンコに、このやり方を施すと、かえって調子が悪くなったりするから要注意ね。最初に近所のカー用品店に行こう。そこで「タイヤ磨き用の塩ビ製ブラシ」と「ブレーキ洗浄スプレー『クレ・ブレークリーン』」を買ってくる。

用意するべきは、その他には①バケツ、②水、③中性洗剤、④サビとり剤、⑤自転車用潤滑スプレー、⑥雑巾だ。

チェーンは錆び付いてる？　硬直して動かない？　よっし、まずは、そこからだ。

最初にチェーンに潤滑スプレーを吹きかけて、それをギリギリと回してみる。汚れ、サビ、ホコリはとりあえず無視。チェーンがちゃんと回るようになることが重要なのだ。油まみれにして、とにかく回す回す。ガチャガチャだったのが段々スムーズに回るようになるでしょ？

できた？

そしたら次にバケツに水を

自転車再生７つ道具

張って、そこに中性洗剤を適当な量、混ぜる。

　それを使って、ブラシで自転車のあらゆるところをゴシゴシ磨くのだ。ディレイラーもチェーンもブレーキもタイヤもスポークも、とにかく全部。

　本来こういうのは自転車にとってはあまり良くはないんだけど、そこは「とにかく乗れるように復活させる」を優先だ。特にBB、ハブ、ヘッ

ブラシでこする

ドパーツなどは、グリスが溶けちゃう恐れがあるんで、ホントを言うとオススメじゃない。だけどやるのだ。復活のために。正直言って一回ぐらい大丈夫。どうせゴミ化してたんだ。あとの心配はあとでしよう。ほとんど心配もいらないけれど。

　さて恐れず磨こう。ゴシゴシと。

　自転車を泡だらけにしたら、水をかける。

　コレだけでも随分キレイになったでしょう。光る水滴をちょっと拭ったら、さあ、さらにやるぞ。

　今度はキャリア、スポーク、チェーンなどサビサビになっているところを中心に、サビとりを塗る。コレは霧吹き式のモノも市販されてるんで、こっちの方が便利だ。たっぷりたっぷりと吹きつけよう。そして三〇分程度放置する。そうすると結構、サビって溶けちゃうものなのだ。うふふふ、ここで満足するな、さらにサビとりを吹きかけよう。ダメ押し。

　サビとりを吹きかけたら、今度はギア、ディレイラー、ブレーキなどに、買ってきた

サビとりスプレー

「ブレークリーン」を吹きつける。コレは超強力な汚れ落としで、真っ黒だったフリーホイールなどがたちまち銀色に光り出す。ちょっと驚くよ。

　さあ、またブラシだ。

　さっきサビとりを付けた部分、そしてブレークリーンを吹いた部分、それらを再び中性洗剤を混ぜた水でゴシゴシと磨いていく。ほら、サビも随分落ちたでしょ。

　銀色の金属光沢が蘇ってきたはず。

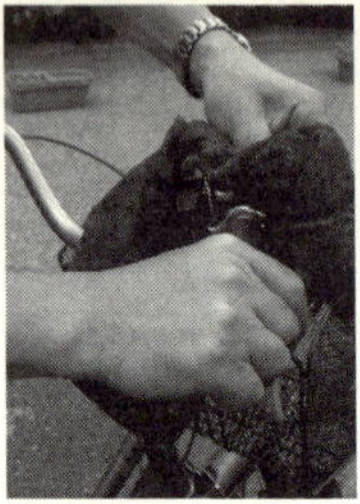

拭く

　そしたら、雑巾で拭こう。水気をきっちりと拭って、細かいところも磨いてみる。チェーンもギアも拭おう。ちょっと手が汚れるけど。おお、キレイになったなった。

　でも、自転車は油がすっかり抜けた状態になってしまいました。で、このままでは潤滑油がなくてスムーズに動かない。錆びやすい状態にもなっているんで、色々なところに例によって潤滑スプレーを吹きかけておこう。スプレーの先に、付属の細いストローのようなモノを付けておくと、やりやすい。

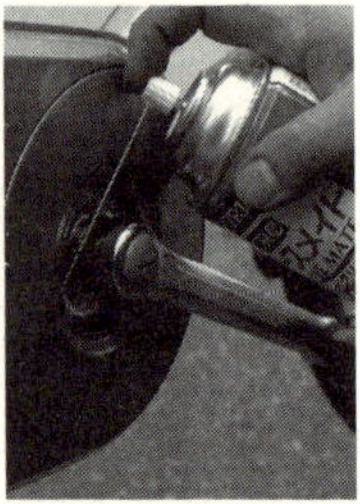

潤滑スプレーをさす

　注油の重点ポイントはディレイラー、ブレーキなどの可動部分と、チェーン、ホイールなどだ。また、潤滑スプレーをちょっと（ちょっとよ）雑巾にしみこませて、それで自転車全体も拭いてやるといい。サビ止めの代わりになる。

　タイヤにも空気をパンパンに入れる。

　キレイになったし乗れるようになった。半日の成果をじっと見ていると、何だか「愛着」のようなものすら湧いてきませんか？

8章

怒濤のヨーロッパ自転車紀行

ある意味、日本だって「自転車大国」なのだ。
国内には8500万台ともいわれる自転車が存在してるし、
自転車の生産だって、一時期に較べると翳りこそあるものの、
まだまだ世界的には多い方。
それなのに、なぜだか日本国内の自転車は存在感が希薄。
不当に軽んじられてるような気がするよね。なぜなんだろう。
海外ではどうなんだろうか。
環境最先進国と名高いドイツやオランダでは、
どんな自転車が、どのように走っているのだろうか?

◉ホントに世界はこう変わりつつあるのだ

ヨーロッパでは「どれだけ自転車が活用されているか」で、街のインテリジェンスが決まる、なんてね、そういう話を聞いたことがあるだろうか？　または、ヨーロッパの各都市ではすでに交通システムの転換が終わっていて、街の主役は自転車になっている、という話は？

ない？　うーん、そうか。まあ、自転車関連の識者とか、私などがあちこちで吹いていた話だからなぁ。

でも、吹いているだけじゃないんだ。本当に本当にそう。

ヨーロッパのすべてがそうだとは言わないけれど、分かっている街、分かっている国は、すでに街の交通の主役をクルマから自転車に譲っている。あのチャリンコに、老いも若きもが乗って、風と自然と流れゆく風景を愉しんでいるのだ。

街から排気ガスの匂いを一掃し、歩行者と自転車でできた街で、人々は仕事に向かい、買い物をしている。自転車専用にレーンが設けられ、駐輪場があちこちに用意され、古い自転車と新しい自転車が、それぞれ太陽に照らされて、きらきらと輝いている。

それは確実に笑顔が似合う光景だった。私は日本の街々もみんな、こうなればと思った。

本章では、その自転車利用が最も進んでいると思われる地域、ドイツとオランダの四つの都市をご紹介する。

二〇〇一年の七月から八月にかけて私はこの地を訪れた。ボン（独）で目からウロコが三枚落ち、ミュンスター（独）で三〇枚落ち、フローニンゲン（蘭）で五枚落ち、アムステルダム（蘭）で、残りのすべてが落ちた。

すべての目ウロコが落ちきったまま成田に到着すると、東京が何とも異様でいびつで不可解な街に見えてきた。自転車という最高の交通手段が、この巨大都市において有効活用されてないことが、何とも哀れでもの悲しい風景に見えてきたのだ。

ココに書いてあることには、毛一筋ほどのウソも偽りもない。何言ってんだ、そこまでできるかよ、と思うなかれ。日本の各都市にだってきっとできる。ホントに世界はこう変わりつつあるのだ。

諸君、彼らは本気なのだよ。

誤解を恐れずに言おう。日本は本当に、本当に、ホントーに、オクレテイルノダ。

◉かつての首都も旗振り役に（ボン）

駅前からして何かが違う

最初の街はボンである。旧西ドイツの首都だ。人口三二万人程度の、「首都」と呼ぶには、いささかこぢんまりとした街。いわずと知れたベートーヴェンの故郷である。おお運命。おお田園。おお第九。

ドイツ国鉄を乗り継いでやってきたボン駅のチャイムでも「エリーゼのために」が流れてました。ウソですね。日本の観光地じゃあるまいし。駅は非常に静かなものです。ただ、ベートーヴェンが駅にまったくいないワケじゃない。彼は駅に貼られたポスターの中にしっかり描かれていた。

そのポスターの中で、楽聖はなんと自転車に乗っているのだ。

ボン市交通局（Bonn Mobil）の「CO_2削減のために自転車と公共交通機関を使いましょう」のポスター。あの苦渋に満ちた顔で彼は自転車に跨っている。あのしかめツラだから、楽聖は痔もちだったのだろうか？　とも思ってしまう。確かに、その疾患を持ちながらサドルに跨るのはキツいよな。

でも彼のことだ、苦悩を乗り越えて歓喜に至るのだ。運命はこうして人生の扉を叩く。ジャジャジャジャーン♪　と、私のアタマの中には例のフレーズがこだましつつ、まずは駅に降りたときから、ボンには面食らう。

改札口がないのはヨーロッパの鉄道の駅に共通のことで、別段驚くべきことではないのだけれど、多くの日本人がまず驚く（であろう）ことは、ホームからして、すでに自転車がたくさんいることだ。改札なしのフリースペースを、駅前からホーム、ホームから駅前と自転車をひいたオジちゃんやオバちゃんがウロウロしてる。

自転車を電車に載せたりするのはいわば当たり前だから、みんな平気でホームの上で自転車を押していく。ふむふむ噂は本当だったのだ、と一応は満足しながらも、で、そのホームからちょいと降りた駅前に目を移すと、いやぁ、ホントに駐輪自転車が多いなぁ。あちこちの歩道沿い、線路沿いなどに所狭しと自転車が溢れてる。

日本風に言うならば「ひゃあ『放置自転車』が多いなぁ」なのだ。駅前すべて自転車自転車自転車自転車自転車。ふう、さらに自転車自転車自転車自転車自転車……。

ボンの自転車はホントにバラエティが豊かで、ＭＴＢやロードバイクなどのスポーツタイプから、ダッチバイク（後述）と呼ばれるこちら風のママチャリ、そして、日本ではほとんど見かけなくなってしまったランドナー、さらにはタンデム（二人乗り）タイプの自転車なども普通の顔をして置かれている。

MTBは言うに及ばずなのだけれど、特記すべきは、サスペンション付きの自転車の比率が高いことだ。これは後々分かってくることなのだけれど、街の中心部が石畳でできているからなのだ。

妙齢の女性も、紳士風のオジさんもひっきりなしに駐輪しては再び乗っていく。

こういう駅前風景を日本の地方行政当局の人に見せると、必ず怒り出すんだよね。放置自転車がけしからん、と言って。

特に東京の「放置自転車」ってヤツは、各市、各区で膨大な処理費用を計上せざるを得ないというようなこともあって、地方自治体にとっては天敵なのだ。分からないでもないが、まあ、コレについては別コラムで書いたとおりだ。

とは言うものの、そのドイツの「放置自転車」には、何となく日本と違うところがある。簡単に言っちゃうと、決してみすぼらしくも景観を損ねるものでもないのだ。

なぜなのかしらと、駅前で呆然と眺めつつも考えてみた。

新しいきれいな自転車が多いとそう見えるのかもしれないなぁ、なんて思ってみても、実はそうでもないしね。ココもまた古い自転車が多いのよ。ボロボロの代物が（日本だったらゴミ扱いだ）ちっとも珍しくない。

ならばなぜ？　と見ていると、次第に分かってくることは、次々と停める人、走り出す人、と自転車が実に頻繁に入れ替わっていくことだ。つまりは駐輪自転車の流動性が非常に高いのだね。そこが「あ、自転車をちゃんと使ってる」という感じのもとだ。

そして、もう一つは、その自転車が、実際に歩行者やクルマの、通行の邪魔になっていないことだ。違法駐車のクルマが徹底的に排除されていることもあって、自転車用のスペースが大きく空いている。さらに注目すべきは、その「放置自転車」に見える駐輪自転車が、よく見ていると何やら金属製のバーにチェーンで結わえ付けられていること。つまり脈絡なく放置されているように見える駐輪自転車は、実はいずれも駐輪指定場所に駐輪されているのだ。

駐輪バー付きの小ぶりの駐輪場。

その駐輪場が異様に多いのが、つまりはこの街の駅前の特徴だ。デカい「箱もの」駐輪場ではなく、道のあちこちに普通に少しずつ作られた簡単なものが、たくさん用意されている。

誤解して欲しくないのだが、実は「放置自転車」というネガティブな言葉は、これらの自転車活用先進国には存在しない。

コレはこれ以降、ほぼすべての街について言えることなのだけれど、本当に迷惑な形で駐輪されているモノにしても、あくまで「不適切な駐輪」という言葉が冠せられるに過ぎない。コレはまず覚えておいた方がいいと思う。

日本でよく言われる「放置」という言葉は、考えてみれば若干ヘンなのだ。「移動手段」たる自転車は、必ずどこかに駐輪するもの。そしてその駐輪スペースは、用意されてしかるべきものなのである。公共の道路とはすべからくしてそうしたものだろう。

子どもにもヘルメット

街の中央部に行くと、石畳のちょっとした広場（ミュンスター広場）があって、おや、ベートーヴェンの銅像が建っている。さすがに銅像は自転車には乗ってはいないけどね。すっくと立った楽聖は、楽譜とペンを持って虚空を睨んでいました。

さて、そのミュンスター広場では、子どもを載せた自転車を実に多く見かけた。日本のようにハンドルに子ども用のキャリアを付けて、小さな子どもを載せている人も多いけれど、リヤカーのように引っ張るタイプの子ども載せ（「トレーラー」といいます）もある。こちらの方がむしろ主流。

トレーラーからは高さ一・五メートル程度の針金が立っていて、そこに小さな旗が立っている。よく見るとトレーラー型の子どもキャリアは皆そうだ。子ども用の自転車もそう。

トラックなど車高が高いクルマに「子どもが走ってますよ」ということをアピールするための仕掛けなのだ。

旗には何やら「ヘルメットを被ったクマさん」のようなマンガが描いてある。よくよく見ると旗のデザインはみんなそうで、「子どもたちよ、ヘルメットを被りたまえ」のキャンペーンキャラクターなのだそうだ。

で、なるほど注目してみると、確かに子どもたちはみんなヘルメットを被っているのだ。小さなレーシングタイプのヘルメット。思い思いの色に派手にペイントされていて可愛らしい。安全のためのドイツ人のこだわりが感じられる。

「子どもにヘルメット？　うん、今は常識になったね。あちこちに売ってるし」

広場にやってきた若いお父さんは言った。三歳ぐらいの金髪の娘は、黄色地に何やらのキャラクターがペタペタプリントされたヘルメットを被っている。

「今日は買い物のために来たんだけど、そうね、いつも自転車だ。娘もいつも一緒に載っけてきてる。家からここまでは五キロぐらいしかないから、自転車で来るのも楽なんだ」

「五キロも子どもを載せることに、不安はないですか？」

「うーん、特に危険を感じたことはない。まあヘルメットを被らせるのはもちろん危機回避のためなんだけど、なにせ、クルマが少ないからね。ここに来るまでも、全部自転車レーンだし」

子どもを載せた自転車が多いという事実は、無論のこと自転車が安全に走れるスペースが確保されているという前提に立っている。

ボンの街の中央部は、ヨーロッパのこの辺りの都市のご多分に漏れず、石畳でできていてクルマは容易に入れないし、中心部を離れた車道にはきちんと自転車レーンと自転車専用信号機が用意され、そこを自転車は通る。クルマ側は自転車にちゃんと遠慮する。自転車というものが、交通システムの中にきちんと組み込まれてはじめて、子連れのトレーラー自転車乗りは存在できるといえる。

自転車レーン

自転車は車道を走るもの。コレは万国共通の常識だ。歩道を自転車が堂々と通れる国は、先進国では実は日本だけなのである。あえて言わせてもらうが、野蛮な風習だ。歩行者のことを何と心得とる。

でも、危険じゃないか、車道を自転車で通るのは。とね。日本にいると、それももっともに聞こえるお話ではある。だけれど、じゃあボンではどうしているのかというと、自転車専用のレーンが車道の中に設けられている。そこをクルマは走れない。

「自転車レーンがない道路は、このボンには基本的にありません。理想を言えば、すべての道路にクルマと区切った独自のレーンが必要だとは思うのですが、まだ間に合っていないところは道路に白線を引いて、そこを走ってもらっています」

ベートーヴェンの生家近くのカフェで「自転車活用ロビイスト」のアクセル・メラー氏はこう語った。

メラー氏自身の本業は経済新聞の記者なのだが、彼の属する「ADFC・全独自転車クラブ」は、ドイツ有数の自転車・環境ロビーグループだといえる。

この市民グループは、発足当時はわずか一八人だったそうだ。ところが、活動は活発だった（手法については後述）。ドイツ国内で交通システムに自転車を取り入れるための活動を多岐にわたって行っていて、それがドイツの交通システムを変える大きな原動力となった。現在、ADFCの会員数は一〇万人を超える。彼らは本当に国の交通システムを変えてしまったのだ。

何ごともオカミからのお達しで変わる日本とは大違いだと思いつつも、まあ、それはそれとして別の話だ。ここは一つ、メラー氏の言うことに耳を傾けてみよう。

「自転車レーン云々にかかわらず、クルマは自転車に対して遠慮して走らなくてはなりません。コレは現代の交通の鉄則です。なぜならクルマは自転車に対して、より『正義のなあい』移動手段だからです。

我がドイツはご承知の通り、クルマを生んだ国です。そして今もクルマの大生産国であり続けています。お国のヤーパンもそうですね。

しかしながら、ご承知の通り、クルマはたくさんの排気ガスを出す。

したがって我がドイツでは、この一〇〇年間というものクルマの排気ガスを出し続けてきたということになります。それも世界各国に大量に排気ガス吐き出し装置（クルマのことだ）を輸出しながらね。

その報いか因果か、八〇年代にシュバルツバルトが枯れてきてしまったことがありました。原因は酸性雨、つまりクルマの排気ガスですね。我がドイツ人のココロの故郷『黒い森』が枯れはじめたのですよ、おお、そのときドイツ人はどんなに悲しんだことか」

うーん、やはりそう来たな、さすがにドイツ人はいきなり環境問題なのだ。

「我々は考えました。確かにクルマはとても便利な道具です。ですが、同時に環境に多大な負担をかける。ならば、環境により負担のかからない手段を考えなくてはならないのではないか。ということで、即座に思いついたのが自転車だったのです」

すると八〇年代から、ボンの自転車化は始まったと？

「いえ、最初のウチは、予想通り大きな抵抗がありました。

当時、ボンは首都でしたから、なかなか全部を自転車にというわけにはいきません。行政機関も集中していたものでね。エラい人はなかなか自転車には乗りたがらないものです。さらに市民からも『クルマの便利さからは後戻りはできない』という声も多く上がっていたのも事実でした。

で、そのとき、私たちが考えたのは、市民に自転車を強制しようとしてもどうにもならないということでした。ADFCの活動の指針はそのあたりから次第に決まってきたのです。ラディカルな方法を採らず、次第に市民に浸透させていく。

一つ目は自転車活用のために躍起になったりしないこと、すなわちデモなどをしないことですね。もう一つ、話し合いの機会をとにかくたくさん持つこと。そしてココが重要なんですが、もう一つ。実際に自転車に乗ってもらう機会を作ること。遠回りに見えるかもしれませんが、こうした穏健な手法が、実は最も確実な方法だったのです」

メラー氏はここで、甘い甘いコーヒーをグッと飲む(砂糖を二パックも入れてたよ)。自転車好きのメラー氏は、ここから俄然、熱が入りだした。

自転車は強制するものではない

「元来、私は一介の自転車好きに過ぎなかったといえるかもしれません。

別段『自転車オタク』というワケではありませんでしたが、自転車の楽しさをよく知っていた。そこで考えたのが、まずは口コミでいいから、市民に自転車の楽しさを知ってもらうことだったのです。ADFCのメンバーも皆、私のような人間です。だから、ことあるごとに自転車で走ろうよ、と言い続けることに努めました。

俄然熱の入りだしたメラー氏

実際に政策決定権を持っている人に自転車を積極的に勧めた、ということも大きかったかもしれません。幸いしたのは、ボンという街は雨が少なく、坂が少ない、つまり自転車に好適な街だったことです。そして、中心部が入り組んでいて、もともとクルマが走りにくい。

だから、一度でいいから、と自転車に乗ってみた人は、自転車の良さに容易に気づいていったのです。速くて快適ですからね。結果、次々と自転車に乗り換えていくようになった。

実際にこんなに楽しくて実用的な乗り物はありません。

八九年にはノルトライン・ウェストファーレン州（ボン市もこの中に入る）で『自転車

に優しい市町村づくり』構想が発表されました。行政も自転車に向けて動き出したのです。今では市の交通局も（実はメラー氏のことは市の交通局に紹介された）、州の政策も、我々の味方です」

ベートーヴェン先生も自転車に乗ってますしね。

「ふふふ、ポスターをご覧になりましたか。そうです。我らの誇り、偉大なベートーヴェン先生も、今や私たちの味方なのです」

でも、そうは言いましても、急に自転車が増えだしたとき、混乱や危険は生じませんでしたか？

「そうですね、ひょっとしたらそこがボンとトーキョーとの違いかもしれません。トーキョーはとんでもない巨大都市でしょう？　ボンは小さいですからね。自転車が増えていくのと、自転車レーンが増えていくのは、ほぼ同じぐらいのスピードだったと言っていいと思います。結果、割合にスムーズに交通システムの移行ができた。

先ほど申し上げた八九年の州の構想も、同時に我々を後押ししたと言えます。市街地のクルマは時速三〇キロ以下で走るべき、という項目が、この構想の中にあったのです。これは『テンポ三〇』と言いまして、現在では州の法律になってます」

なるほど、でもクルマに時速三〇キロって言っても、実は五〇キロぐらい出しちゃいますよねぇ？

「え？　ドイツでは時速三〇キロは時速三〇キロですよ。それ以上で走る人はいません」

日本ではなかなか守られないのですが……。

「信じられません。交通違反の罰金などはないのですか？」

あります。が、そこはあったりなかったり。警察官次第です。

「ふーむ、変わってますね……、ドイツではあり得ないことです」

ちょっと恥ずかしい。

こうして話していても、カフェの周りをひっきりなしに自転車が通り過ぎていく。種類は千差万別だ。ただ、スポーツバイクを含め、すべてにおいて気づくのは「ドロヨケ」「ハードカギ」「荷台」が完備されていることで、実用重視の姿勢が徹底されている。

さらに言うと、タイヤの大きさがほぼすべて700C大、つまり最大の車輪だ。ママチャリサイズ（二四インチ程度の）がほとんどないのは、やはり一回に乗る距離が日本に較べて格段に長いからなのだろう。

ふと再びメラー氏の背後を見ると、あれ、ヘンな風景が目にとまる。

実は街を歩きながらも薄々感じていたのだが、「キックスケーター」というのかな、日本でも一時期流行ったスケボーにハンドルが付いてるみたいなヤツ。アレに乗ってる姿さまが、この街には多いのだ。ただし日本と違うのは、それが三輪なこと。

あれは何ですか？

「え？　ああアレね。最近の流行ですかね」

お婆さんたちですね？

「ええ、何だか多いんですよ、最近。楽なんでしょうかね」

メラー氏はちょっと言葉が少なくなる。

「うーん、ひょっとしたらあのお婆さんたちは、自転車に乗れないのかもしれません。自転車に優しい街は、同時に自転車に乗れない人に優しくなくなる、という側面があるのかもしれませんが……、私もヘンな流行だと思っています」

「日本でも一時期流行りました。高校生たちが乗っていたのです」

「そうですか、我がドイツの婆さんは気持ちが若いのでしょうか？」

分かりません。

売れ筋は四、五万円

かのマルクス先生も学んだという名門ボン大学には「来週日曜日、自転車フリーマーケット」とのワープロ打ちのポスターが貼られていた。中古の自転車はだいたい七五から一

目抜き通りのシロマン自転車店

笑顔で応対してくれたイスマールおばさん

〇〇マルク、四、五〇〇〇円で買えるのだそうだ。キャンパスの中も自転車で移動する若者が多い。そもそも一部の例外を除いて、キャンパスの中にクルマで入れない。

ボン駅のすぐ裏には、屋内駐輪場兼自転車の修理工場があった。

ここはソーシャルプロジェクトとしての不良少年たちの更生の場にもなっていて、三、四人の目つきの鋭い少年と、二、三人のクスリ系の少年たちがパンク修理などにいそしんでいた。

自転車をキーワードとして、この街の何かが変わりはじめている。それがひしひしと伝わってくる。

「そうね、新品だと売れ筋は六〇〇から八〇〇マルク、だいたい四、五万円だわね」

目抜き通りに大きな自転車屋「シロマン自転車」を構えるイスマールおばさんは、そう言った。シロマン自転車は恐らくはボン市民だったらみんな知ってる。街の中心部に陣どる巨大な自転車屋さん。

「もちろん、ここ一〇年、売り上げは増えたわよ。自転車を売っているこちらとしては、やっぱり正直言って大助かり。

　頑丈で外装ディレイラーが付いたものが、こちらとしてはオススメだし、売れ筋もそのあたり。男女の差はあまりないわ。自転車そのものもユニセックス化してきたこともあってね」

　かなり大きな自転車屋さんだから、店にはもちろんマニアックなロードレーサーなども置いてある。日本の「koga-miyata」も置いてあってちょっと嬉しい。結構高いけどね。

　数が出るのはあくまで「ディレイラー付きサスペンション付き」。売り上げの比率はほぼ半分がＭＴＢ、三割がトレッキング。そして二割がシティサイクルなのだそうだ。ほぼ七年スパンで自転車のトレンドは変化するそうで、今年はＭＴＢの当たり年だという。

「石畳の道路が多いから、丈夫なのが一番なのよ。一緒に売れるのは後ろの荷台に付けるカゴとパニアバッグ（リアに付ける布製の荷物入れ）、それとカギね。ハードなタイプのU字型のカギ」

　はあ、アレをね……。やはり盗難も多いんでしょうか？

「そうね、多いとも少ないとも言えないと思うわ。でも、自分の持ち物をきちんと管理するという意味でも、頑丈なカギは当たり前でしょ?」

なるほど。

イスマールおばさんの売り上げ解説を聞くまでもなく、この街では、あまりレース風にマニアックな自転車乗りを見ない。

私などは、マイヨジョーヌもどきを着た草レーサー風が一人くらいいてもバチは当たるめえ、と思うのだけれど、見かけない。そこはドイツ人気質なのか、それとも休日のボン市郊外はその手で溢れかえるのか。

それと、シティサイクルであろうと「ママチャリ」という言葉はこの街の自転車にはあまり適当でないことにも気づく。なぜならオジさん方が実によく自転車に乗っているからだ。それもまったく違和感なく。そのことがこの街を成熟した大人の街に見せる。

オジさんについてもう一つ気づいたこと。ボンという真面目なお土地柄にあって、意外なことにスーツ姿をあまり見ない。ワイシャツにネクタイ姿はいるけど、暑いさなかに「清涼スーツ」の類を無理して羽織る人がいない。ということは、この街にあって、真夏にスーツを着ることはあまり求められていないのかもしれない。

この精神は自転車精神であると思う。スーツに限らず、オジさんの半ズボン着装率も高い。これもまた自転車精神である。

「自転車精神」？　はい、不肖ヒキタ、今、勝手に作りました。

ともあれ、いや最初から飛ばしているのだ、ボン。

だが、メラー氏は気になることも言っていた。

「とは言っても、まだまだボンは遅れてます」

これで？

「是非見ていただきたいのは、同じノルトライン・ウェストファーレン州にあるミュンスター市です。ここは全独自転車都市アンケートでいつもナンバーワンをとる街なのですが、私としても参考になることだらけです。

わざわざ日本からやってきたのですから、一度見に行ってみてはいかがですか？」

もちろん行きますとも。

「ここから北に二〇〇キロ。電車で三時間程度です」

◉完全なる自転車都市（ミュンスター）

駐輪場からしてすべてが違う

黒い羽に黄色いくちばしを持った九官鳥のような鳥。サイズは鳩よりも少し小さいぐらいで、何という名前なのか分からないけれど、ミュンスター市には、この鳥くんたちがスズメ並みにたくさんいた。

この鳥が非常に特徴的なのは、実によく歩く鳥であることだ。つまり、あまり飛ばない。翼はあるのにね。道路を横断するのにも、エサを求めて植え込みに入ったりするのも、みな歩いてだ。ちょこちょことめまぐるしく足を動かして、結構なスピードで移動する。「わっ」とか言ってちょっと脅かしてみても、滅多なことでは飛ばない。生息地は道路。

この鳥が、この街で生きていけるという理由はただ一つ。

この街には、一部の例外を除いてクルマがまったくいないからなのだ。


ミュンスターと言えば、言えば……、何があったっけ? とおおかたの日本人は言うであろう。これはかの有名な『地球の歩き方』にもたったの一ページ。「博物館とミュンスター寺院とやらがあります」としか書いてないことでも分かる。だけど「ミュンスター」とはそもそも「寺院」という意味なのだから、何のことやら、なのだ。

だが、かくいう私からして、実はまさにそう。はい、まったく知りませんでした。だからホントに着いてびっくりだった。まずは度肝を抜かれるのが、駅前の自転車駐輪場だ。ミュンスターの駅前広場の真ん中(ホントに真ん真ん中なのだ)に、巨大なガラスの要《よう》塞《さい》のようなものが建っていて、そこが自転車の駐輪場。初めて見た人は誰もそう思わない。ベネトンの新しい巨大店舗ですよ、とか言われたら、ふうん、そうか、景気がいいんだな、とか頷《うなず》いてしまうような美しい建物だ。

で、そのガラスの要塞の中、明るいスロープを降りていくと、地下駐輪場にたどり着く。自転車の収容台数は約三五〇〇台。二層に分かれた駐輪スペースは、まことに合理的にできていて、多くの自転車をストレスなくさばくことができる。上の層の自転車は、伸縮自在のワイヤーフックで引っかけるようになっているところがミソだ。

「ふむ、建設費は一ミリオンマルク、五億円ちょっとだったと聞いているね。駐輪場のオープンは九九年。ワシはそのときにここの自転車修理工として雇われたんだ」

受付カウンターの奥、修理スペースのマイスター、ヴェッセルおじさんは、タイヤからチューブを引っぱり出しながら、そう語った。

この駐輪場のすごいところは、一種の「自転車何でもステーション」になっているところだ。修理からクリーニングまで何でもがある。

修理してもらいたい人は、駐輪場に自転車を入れる際に、後ろの荷台に「修理お願いタグ」を挟んでおけばいいというわけだ。自転車を置いて、再び取りに来るまでには、修理が上がっているという寸法。

「まあ、実費だね。市の施設だから、あんまり儲かるもんじゃない」

カウンターにはずらりと自転車グッズや部品が並ぶ。ヘルメット、自転車用のバッグ、ヘッドライト、ダイナモなど、大抵のものはここで手に入る。

驚いたのは自転車クリーニング用の機械だ。ガソリンスタンドにあるようなクルマ用の「洗車機」、アレの自転車版だと思っていただければ間違いない。

入り口に自転車をセットすると、自転車はジワジワと箱の中に吸い込まれていく。水が吹き付けられて、大きなブラシがグルグル回って、温風が吹き出て、で、出口からピカピカになった自転車が出てくるという仕掛けだ。何やらうっすらと化学薬品の匂いも漂ってくるから、私が思っているような単純なものでもないのかもしれないけれど、私なら使わないぞ。何だか、ディレイラーやブレーキが錆びそうで心配じゃない？

「なに、日本人。私はいまだかつてコレで自転車が壊れたという話は聞いたことがない。大丈夫なようにできているのだ」

でも、まあ、自分で磨ける人は自分で磨くことを私はオススメするけどね。

「ここに自転車を預ける人は、二種類だ。ミュンスター市内に在住で、ここから電車に乗ってケルン（近くの大都市）なんかに出勤する人。

逆にミュンスター以外のところからココに来て、自転車で出勤する人だ。だから、ココは朝六時から夜の二三時三〇分までやっている」

つまり電車が動いている時間を、ほぼすべてカバーしているということになる。

「それだけじゃないぞ、日本人。よそからココに来る人用には、きちんとレンタサイクルが用意してある。どうだ、コレを見たまえ」

おお、そこにはネイビーとイエローの自転車がズラリと並んで、外からの客を待っていた。

「一日一一マルク（六〇〇円程度）。営業時間中に返してくれれば問題はない。つまり二三時三〇分までだ。お得だろ。もっと乗りたければ、もっと乗ってもいい。一週間以内ならば、お金は返すときに清算だ。どうだ、乗るか、日本人」

乗ります乗ります。

ヴェッセルおじさんは満足げに頷く。

「そうかそうか。乗らないと言っても、いずれ借りにくるとは思ったがな。なにしろ我がミュンスター市は、自転車がないとにっちもさっちもいかないのだ。

さあ、コレがピッタリのサイズだろう。ドイツ人としては『女性サイズ』というところだけど、日本人は小さいからな、わははははは。調子は最高だ。何しろワシが毎日整備しているのだから」

さあ、ミュンスターの自転車な日々のスタートだ。

空はうららかに晴れて、ゴミ一つない清潔なミュンスター市が微笑みかけている。

自転車のための街

借り受けたレンタル自転車は、この街にあって実に標準的ないわゆる「ダッチバイク」だった。

頑丈なクロモリフレームはネイビーとイエローに塗られ、なかなか洒落ている。リアにはシマノ製の内装七段のディレイラー。

日本人としてはちょっと面食らうのは、この自転車にはリアブレーキがないことだ。前輪のブレーキはある。だけど後ろはないから、レバーは右手だけ。どうして後ろがないのかというと、後輪はペダルを逆に回して停めるのだ。「コースターブレーキ」という。

コレはちょっとばかり慣れが必要で、慣れないウチは右手レバーばっかり使ってしまうのだけれど、いざというときには、うんと踏ん張ってペダルを後ろに回す。すると、実に強力にリアブレーキは作動する。一種のエンジンブレーキ（?）という感じ。見ると街中の自転車にも左ブレーキレバーはついてない。こちらの街ではコレが標準なのだ。

ミュンスター市の人口はだいたい二七万人。それがこぢんまりとしたかつての城塞都市の内外に住んでいる。日本で言うと、福島市とか盛岡市とかの小さな県庁所在地ぐらいの規模と言えようか。

街の構造は寺院を中心とする放射線状で、その一番外周をかつての城塞がとりまいている。城塞といっても現在ではその一部がひっそりと残るだけで、現在の城塞跡はそのまま自転車道（もちろんクルマは一切通れない）だ。この自転車道の内側が市街地、外側が郊外、というのが大まかなところ。

自転車による山手線が、街をとりまいているというふうに思っていただければ、間違いない。

中心街に入ると、中世から続いた古い街並みは一目見て「まるでディズニーランドみたい」だ。築二〇〇年、三〇〇年になろうとする石造りの家々はキレイに磨かれて、補修されて、今に至っている。街角では、石畳の上で、素人弦楽四重奏が、わざわざ我々に見せてくれるように音楽を奏で、三〇〇年前もココにいただろうと思えるようなお爺さんが、店の中でソーセージを切っている。

なるほど、考えてみれば、ドイツという国自体が「メルヒェンの国」である。

こういう美しい家並み、こうした石畳の街のたたずまいにアメリカ人は憧れたんだなぁ、と思う。ディズニーランドの夢のような街は、確実にこうした街が下敷きになっている。

あまつさえココにはクルマがいないから、ますますディズニーランドに見えてくる。

さて、そのディズニーランドとミュンスター市の違いが、もちろんのこと自転車の有無だ。古い家々、店々の前を、ひっきりなしに通りゆく自転車はまさしくボン以上。いや、おいおい語っていくが、その徹底ぶり、自転車へのこだわりぶりは、あのボンをして、足元にも及ばない。

東京を砂漠とすると、ボンは地中海性気候ぐらい。そしてミュンスターは熱帯雨林であろう。

はたまた、東京を「ご近所カラオケ大会」、ボンを「スター誕生・東京東地区予選」とすると、ミュンスターは「二〇〇〇年ミレニアム・NHK紅白歌合戦」であろう。ちょっと「紅白」を持ち上げすぎという気もするが。

そもそも、この街に存在する自転車が三〇万台強。人間よりも多いのである。なぜ多いかというと、家と職場とにそれぞれ持っている人が多いからだ。

あちこちに自転車のマークが描かれた交通標識があって、①自転車専用道路、②自転車と歩行者の道路、そして、③自転車が入り込めない道路、ときっちり分かれている。特筆すべきは「クルマだけが走る道路」というのがまったくないことで、③は「歩行者だけが通れる道路」なのだ。

排気ガスのない街で

ミュンスター市も郊外に出ると、さすがに車道がある。

アウトバーンに向かう幹線車道をはじめとして、車道が三、四本。そのうち一本だけが駅前まで通じている。そこではメルセデスとゴルフとアウディがブンブンと通っている。マーツダーも意外に多い。ファミリアは「323」というのだね。

そんなことはひとまず置いといて、と。

それらの車道以外は、ほぼすべて自転車道もしくは自転車&歩行者道なのだ。もちろん、自転車と歩行者は、レーンを区切られている。

きっちりと右側通行を守って、人々はこの自転車道を移動する。最初のうち何だか勝手が分からなくて日本風に左や右をフラフラと通っていたら、反対から来たお爺さんから「右だよ、右っ(ドイツ語)」と即座に注意された。

しばらく走っていてだんだん感覚が摑《つか》めてくるのだけれど、ドイツ人、というのかミュンスターの市民は、この交通規則を実にきっちりと守る。そうしないとまるで「自転車免許が剝奪《はくだつ》される」かのように。でも、もちろんそんな免許はない。

ふーむ、これも民族性なのだろうか。ドイツ人だからできることなのだろうか。

それは違うと思う。

日本の街々が、往々にして自転車で走りにくい原因の一つは、乗る人のマナーにもある。右側通行、無灯火、二人乗りなどなど、いちいち取り上げる必要もないぐらいに、日本の自転車マナーはデタラメだ。

それはきっと交通システムの中の自転車の立場、というものに問題があるからなのだと思う。自転車の位置づけがきっちりとできて、権利と義務と責任というものが明確になって初めてマナーというものは確立されるものだ。

この街においてはその位置づけがきわめてはっきりとしているから、自転車の交通道徳が徹底されるのだ。その位置づけとは「市内交通の主役は自転車である」という一言に尽きる。

郊外に出ると中年の夫妻が、タンデム（二人乗り）の自転車に乗って走っているのを見かけた。前にダンナ、後ろに奥さん。さらに後ろに荷物を載っけたリヤカーを引いているから、これはもうクルマのミニバン並みにながーい自転車なのだ。まるで自転車のリムジンといった風情。

この夫妻は実はミュンスター駅でも見た。私が乗っていたのと同じインターシティ特急電車から、この自転車を引っぱり出してきていたのだ。きっとどこかの街からミュンスターの郊外を走るためにやってきたのだね。

モスグリーンの自転車は、大きめの夫妻を支えるべく見るからに重く、よく電車に載ったなぁ、でも、階段をどうするのかなぁ、とか思っていたら、ダンナの方が階段の端っこを、難なく押していく。

見ると、自転車のタイヤの幅そのままに、スロープと溝が掘られていて、そこを押していくという仕掛け。はあ、なるほど、駅も階段も自転車のために考えてできているんだなぁ、と思った。

おそらく自転車好きなこの夫妻も、ミュンスターはスゴいということを聞きつけて、ココにやってきたのだろう。噂の通りミュンスターはすごいわね、と奥さんは言っているかもしれない。

交通事故も偶然に見た。

ヒゲを生やしたオジさんが結構ハイスピードで走っているところに、大学生風のおネエさんが横道から出てきてぶつかった。出会い頭というヤツだ。がちゃんと大きな音がした。オジさんもおネエさんも転んで、オジさんの膝《ひざ》から血が流れた。おネエさんの自転車はリムがぐにゃりと曲がってしまって走行不能になった。こうなっては修理も不可能だ。

きっと今日一日を二人とも不愉快な思いで過ごすことになる。街の中心部には随分遠いところだったから、自転車屋さんがあるところまで押していかなくてはならない。それとも自転車用のJAFみたいなものでもあるのだろうか。

二人は何やら言い争い、不機嫌きわまりない顔つきとなった。

でも、誰も死なない。

最大の被害はオジさんの膝と、おネエさんのリムだけだ。

自転車の事故は、クルマが関わらない限り、滅多に人命を損ねない。エコロジカルであるというだけでなく、コレも特筆すべきことだと思う。

日本では年間八〇〇〇人が交通事故で死亡する。一日二〇人強が全国のあちこちの路上で命を落としている。その主因はもちろんクルマだ。日本に限らず世界中の人々が、この事実があまりに当たり前であるということに麻痺してしまっている。

自転車の活用は確実にその悲劇を劇的に減らすことに役に立つ。もちろんインフラを整えることを前提としてだが。

郊外をしばらく走っていくと、ミュンスター大学の敷地に自然に入っていく。

大学は長期の休みに入っていて、キャンパス内は人影がまばらだ。クルマの影も形もない。深い森の中に建っている大学で、キャンパス内にその森を散策するための自転車道が通っている（そもそも大学の中の道のほとんどが自転車道なのだけれど）。

木漏れ陽の中を自転車で走ることの何というすがすがしさ。

森の木の葉の吐く酸素が、あたりに充満しているのを、鼻が舌が感じる。それを吸い込んで、自らの肺から、少量の二酸化炭素を出す。その空気の循環の中には窒素化合物も二酸化硫黄もない。

そして無論のこと、この森の中の道と街の中心部は「地続き」なのだ。自転車で自らの脚でペダルを漕いで、何のストレスもなく危険もなく、簡単にココまでたどり着けるのだ。

石畳の効用

ミュンスター市のキャラクターマークは赤と青のクレパスで描かれたような自転車マークだ。そのマークのステッカーが街の中心部のあらゆるところに貼ってある。

中世からの石畳が多い。正直言って石畳は自転車にとって走りにくい。ガタガタしちゃってね。アスファルトのようにツルーンとはいかないよ。

必然的にハードなロードバイクはほとんど見かけない。代わってMTBはそれなりに多いのだ。ボンと同じく、サスペンションは石畳によく馴染む。

だけど一番多くを占めるのが、やはり私が借り出したレンタル自転車と同じタイプ。例のダッチバイクだね。そのハンドルに、スピードメーターを付けている人が目立つ。

正直言って、石畳の中心街では、あまりスピードが出ない。メーターを付けてても「二〇キロ」がいいところだろう。普段、ロードレーサーで東京の街を飛ばして走ってる私としては、このスピードはかなり物足りない。

でもいいのだ。時速二〇キロで充分。中心街でスピードを出してどうする。ココではお婆ちゃんたちも自転車で走っているのだ。ここで「メッセンジャー走り！」なんてしていたら迷惑でしょうがないよ。

その低スピードが、必然的に歩行者を守ることにも繋がる。石畳にはそういう効用があるのではないか。そしてそのスピードは「人間のキャパシティ」というものを考えても合理的なのかもしれないと、私は思うのだ。

人類は、最高のアスリートがどんなに頑張って走っても生身の身体では時速四〇キロが出せない。ということは、人間にはそれぐらいの対応能力しか備わっていないのではないだろうか。クルマで走っていても、即座にブレーキをかけて停まれるのは大体四〇キロ以下である、というのもそれを物語っているのだと思う。

すべてのペースを、その程度以下にスローダウンする。この街はそのスピードの中で成り立っている。

たくさん荷物を積んだ買い物のオバさんがゆっくりとしたペースで自転車を漕いでいく。

もちろん自転車道の上を。それを大学生風の若者が声をかけつつ、ゆっくりと抜いていく。それでも生活はできるのだ。

そのあたりに何らかのカギがあるのかもしれない。

「東京では無理だね、日本人たちはそんな牧歌的なスピードの中では、もはや生活はできないよ。ビジネスにしてもプライベートにしても……」

なあんて声が聞こえそうだけど、ところが、実はスローダウンしても大丈夫なのだ。

慢性的な渋滞の中で、東京都心の移動スピードは、実はまったく自転車に劣る。

クルマ以外の交通機関を利用しても同じことで、都心、山手線内の移動スピードは自転車に優るものは存在しない。

急いで急いでと思いながらも、実はその程度のもの。

無駄に目をつり上げて、無駄に燃料を使って、でも現実はそんなものなのだ。

いつも忙しがっているのに、実は何もしていない上司、なんて人があなたの会社にもいませんか？　私にはそういう上司と、東京の姿とが重なって見える。

雪も降る、手もかじかむ

「さて、まずはこの写真をご覧いただこうか」

72人が自転車で移動するのに必要な路上スペース

72人がクルマで移動するのに必要な路上スペース

ミュンスター市の都市計画課長、ステファン・ベーメ氏は、二枚の写真を示して私にこう言った。

「ここに七二人のミュンスター市民がいる。同じ七二人の人間が移動するのに、どれだけの路上スペースが占有されるかを写真に撮ってみたんだよ。

ミュンスターでは一台の車に平均一・二人（あ、日本より少し少ない）が乗るから、クルマだとこうなる。いやはや無駄なスペースだね。で、これらのクルマが排気ガスを出しながら、渋滞を作ってきたんだ。

で、こっちが自転車の場合。七二人は七二台の自転車を使うワケなんだけど、これだけですむ。しかもゼロ・エミッションでだ。

常識あるまともな人間ならば、どちらを選ぶかは明々白々じゃないか」

そうですね。

「ふう、ところがそれに完全に気づくのに、まあ、今の今までかかってしまったというわけだね。なかなか都市計画というものは難しいものだ」

ミュンスター市では、市の都市計画課こそが、市内自転車化の首謀者だった。

その親玉たるベーメ氏は、自転車のポスターがベタベタ貼られた一室で、熱っぽく語るのである。

「ミュンスターで自転車が活用され始めたのは、まあ言ってみれば戦後からだ。爆撃で多くの街が廃墟になった、あの第二次世界大戦が終わったあとだね。

ただし、それはただ単に敗戦後、クルマを買うだけの経済力がなかったというだけのこと。自転車はそれなりに身近だったけど、別段、他の都市と変わるところはなかった。

それを『自転車都市』に向けて本格的にやり始めたのは、八〇年代になってからだな。きっかけはもちろん大気汚染だ」

その辺りはボンと同じなのだ。ただ、この街はそのスピードと徹底ぶりにおいて、他の街の追随を許さなかった。

ミュンスター市都市計画課の
ステファン・ベーメ課長

「自転車が走りやすい街、というのはすなわちどういうことだか分かるかな?」

と言いますと?

「誤解を恐れず、ごく単純化してしまうと、自転車が走りやすい街は、すなわちクルマが走りにくい街なのだ。我々はそこから都市計画をスタートした。最初は街の中心部の一方通行化から始めた。そもそも中世からの狭い道に、クルマを二車線通す方に無理があったからね。コレでクルマは格段に走りにくくなった。目的地に着くためには大回りをせざるを得なくなったからだ。

その次にしたのは、都市中心部からの完全なクルマの締め出しだ。

すでにご覧になってきたように、街の中心部にはクルマがまったくいないだろう。今ではコレが当たり前の光景だけど、以前はね、駐車するのも大変なぐらいにフォルクスワーゲンが走っていた時代もあったんだよ」

信じられませんね。

「そう、今となっては信じがたい。

でも最初は大変だった。もちろんこの街でも反対はないわけじゃなかった。

クルマの締め出しは、一時的な不便さ、不自由さに繋がるからね。だけど、この街にいる人に大学関係者が多いこと、そして環境問題に対して意識の高い人が多いことが、追い風といえば追い風になったんだ。で、クルマ排除が徹底されてくると、いつしか空気が格段にきれいになった。そして交通事故が劇的に減った。そして、みんながそのことに気づき、自転車の良さに慣れてくると、『新たな日常』が『ただの日常』に変化していったわけさ」

つまり自転車に乗る生活が普通になったと？

「そう。僅《わず》かここ一〇年ぐらいのものだ。それでも『日常』は強いよ。今では中世からずうっとこの生活をしていると感じられるぐらいに」

坂がないことは分かりました。でも気候はどうですか？　日本では雨が降るとたちまち自転車は不愉快なものとなりますが？

「雨ね。雨はあまり降らない。そこには問題はないね。ただ、雪は降るんだ。それと冬の寒さは、それはそれは厳しい」

それでもみんな自転車に乗るんですか？

「うーん、最新の統計では（この都市計画課には、自転車に関する実にたくさんの統計がある。ベーメ氏の性格なのかもしれぬ）、確かに真冬の一番厳しい二カ月前後は、二割の市民が自転車から降りてしまう。私にもその気持ちは分かる。朝なんて手はかじかむし、ペダルの漕ぎ出しからして憂鬱になるからね。

でも自転車利用は、別段、強制でないから、それはそれで仕方がないんだ。結局、その二カ月間、二割の彼らはバスやクルマに乗ることになる。

ただし、先ほどから言っているとおり、クルマに乗るっていうのは、この街ではあまり便利なことじゃないんだな。寒さをとるか不便さをとるか、どっちかの選択を迫られるってわけさ」

つまり、ある程度の我慢は必要だと？

「我慢？　それを我慢と呼ぶかどうかは人次第だ。私はそうは呼ばない。

冬場に皿洗いをすることは我慢だろうか？　暑い夏に外を歩くことは？　食うために働くことは？　そして冬場に自転車に乗ること。

それらはすべて我慢してやっていることじゃなくて、『そうであること』としか言いようがないじゃないか。だいたい歩いてくるよりは自転車の方がはるかに楽なんだ。だけど、それ以上の楽さを求めてどうなるというのだろう。その結果の汚い空気、慢性的な渋滞、交通事故、そういう諸々のことを天秤にかけてバランスのよいところを選ぶ。そうしたものじゃないかね？　こういうことはバランスで考えないと何も見えてこないよ」

雪は危険はない？

「それは大丈夫。そんなに積もるワケじゃないし、凍らないように薬剤をまいているから」

ふむ、自転車都市にするために、他にしていることは何かありますか？

「最近のトピックは何と言っても駅前の駐輪場だね。見ただろ？

でも、あれは象徴と言えば象徴に過ぎないんだ。駅前のあれだけじゃない。この街はあちこちに駐輪場がある。

新しいビルを建てるに際しても、建て主には、そのビルに見合った駐輪場を作る義務があるんだ。コレは法律できちんと決まっている。それぞれに駐輪用のバーを作り、フックを設《しつら》える」

ミュンスターの駐輪バーには硬質ゴムの単純なフックが付いていて、そこにリムを引っかける仕掛け。単純で、かつ安定性が高い。コロンブスの卵のようなものだ。

日本のマンションの駐輪場のような大袈裟なものでなく、コレを使えば収容台数も多くなり、より安価に駐輪場ができると思われる。

「石畳が走りにくい？　そりゃあ、古い街だからね、ここは。有名なウェストファリア条約だってココで締結されたんだ。

ご承知の通り、中心地には大聖堂があって、そのまわりはみな石畳だ。ガタガタだ。それは仕方ない。でも、それに限らず、街の郊外もオレンジ色の自転車レーンは煉瓦風のブロック造りとした」

おお、それは自転車のスピードを下げさせるためにあえてそうしたのですか？

「ふふふ、はずれ。実を言うと工事がしやすいからそうしただけなんだ。下には電気とか電話のケーブルとかが走っているから、アスファルトだといちいち掘り返さないといけないだろ？ それがブロックだと外すだけ。それが一番の理由。

だけど、普通に走る分には何ともない筈だ。

そりゃあロードレーサーの細いタイヤなんかで爆走しちゃダメだ。でも、郊外ならいざしらず、街の中心部をそんなスピードで走る必要なんてあるんだろうか。歩行者にも危ないよ。ボクは都心での自転車のスピードは歩行者の三倍から四倍程度でいいと思っているんだ」

日本から来ると、ホントに感心するんですけど、自転車に乗る人のマナーが徹底していますよね。

「うん、それは子どもの頃から自転車教育をしていることと無関係じゃないと思う。なにしろ幼稚園の頃から交通教育を始めるんだ。

小学校に上がると自転車教育の時間が週に二時限ある。

だから、見てのとおり、手信号は当たり前だ。大人も子どももね。自転車の便利さを享受するものは、やはり最低限のやるべきことはやらなくっちゃね」

本腰を入れると教育だって変わる。そして、その教育が実用本位であるかどうかが、その有効性のカギを握ると思う。

この街で自転車に乗る子どもたちは、ほぼ例外なくヘルメットを被っている。思い思いのデザインの、カラフルなものだ。

そして、大人の半数弱程度もヘルメットを被る。自らの安全のためだ。

日本でも地方に行くと、自転車に乗った中学生がヘルメットを被ってますね。東海地方、中国地方などは、特に。

工事現場で被るようなヤツ。白地に黄色い線が引いてあったりする、あのボール状のメットだ。そして、そのメットを被る子どもたちは、学校指定の同じジャージを着て、学校指定の同じカバンをぶら下げて、同じ髪型で、並んで自転車に乗っている（ああ、私の故郷宮崎でもそうだった）。

こういうのを教育とは呼ばない。なぜなら彼らはその中学を卒業した後「安全のために」ヘルメットを被ることは、金輪際ないからだ。

意味を教えない、お仕着せの、単なる強制は、結果的に何も生み出しやしない。ドイツ人はドイツ人はと言いたかぁないが、何だか私は恥ずかしいよ。彼岸と此岸《しがん》のあまりの差。教育一つ、ヘルメット一つとってもこの圧倒的な差はいったい何なのだ。

自転車の王国

街の自転車道の総延長距離は二五〇キロを超えた。

自転車の利用が難しい人のためには、ひっきりなしに走るバスが用意されている。バスだけは街の中心部にも入ることができる。雨の日に利用する人も多いだろうし、自転車はこの手の公共交通機関と併行利用すると、より利用価値が上がる。

車椅子の利用率も高い。自転車の車輪向けもあるのか、歩道をバリアフリーとしたことが結果として、車椅子にとっても優しい街となった。

「別に環境、環境って意識してるワケじゃないな。自分のため。強いて言えば健康のためかな」市場で出会ったポロシャツのオジさんはそう言った。

「昔はこうしたU字型のカギできちんと停めていたけれど、子どもができてからね、面倒くさくなっちゃって、今ではリアのカギ一本かな。ホントはダメよね、盗まれても文句は言えないわ。でもこれまでも盗まれたことはないの。ボロいからかしらね」子連れ（ヘルメット付き）のお母さんはそう言った。

「クルマは家にはあるわ。古いコラード（ＶＷ）。でもココ最近乗ってないわね。そろそろドライブにでも行かなくっちゃ。え？　ドライブじゃなくて、街に来ること？　クルマで？　そんな面倒くさいこと……」これはＯＬ風のおネエさんだ。

このミュンスター市を見ていていいなと思うのは、自転車が必ず歩行者に道を譲ってるということだ。

街の中心部をこれ見よがしにスピードを出していく不逞の輩がいない。一方、歩行者側も自転車レーンには入ってこない。共存共栄ができている。

「そうですね、でも考えてみて下さい、ヒキタさん。

別に、人間は『自転車族』『歩行者族』『クルマ族』というものに分かれているわけではないのですよ、当たり前のことですがね。

一人の人間が、あるときには歩き、あるときには自転車に乗り、はたまたアウトバーンをＢＭＷで疾走するときもある。同じ人間がね。

そうすると、お互いを思いやって当たり前だと思うのです。交通システムの中では、より弱者に道を譲る、コレは至極当たり前のことではありませんか」

べーメ課長は、そうも言っていた。

クレメンス通りを、プリンツィパルマルクト通りを自転車で走りながら考える。日本のお役人たちは、一度この街を見ていただけないだろうか。特にここで実際に自転車に乗ってみてはいただけないだろうか。環境と健康と交通のために行政がなすべきことがいったい何であるか分かると思う。

どこでならこんな街を日本に作ることが可能なのだろう。小さな地方都市？　実験的にどこかやってくれるところはないだろうか。ホントにできるのだから。

事実、ミュンスターはやっているのだ。

ココにいて自らの足で移動することの快適さと有用性を知るべきだ。この街は正しい。圧倒的に正しい。人間の生きる街として、この街は正義を持っている。

「うふふふ、とは言ってもね、モデルがあるにはあるんです。自転車についてはね。お隣のオランダですよ。

私たちはオランダを充分研究して、常にそれよりももっと良い状況を作り出そうと努力している。アムステルダムにももちろん行きました。ハウダ市にも、そしてフローニンゲン市にも。オランダには参考とすべき部分がたくさんあります。現在でも、世界最高の自転車王国と言ったら、我々でなくオランダになるかもしれません。行ってみるべきですよ。ミュンスターとは違う何か、がきっと発見できることでしょう」

［左］当たり前のように自転車を載せられるドイツ鉄道　［下］ボン駅前の様子

Bonn

［ボン］

［上］ボン市交通局ポスターにいたMTBに乗るベートーヴェン
［右］駅前を走り去る老人

［上］“シロマン自転車”店の前には備え付けの空気入れ（無料）がある
［左］ひっきりなしに空気を入れる人が訪れる

[左]子ども用の自転車は、トラックなどの車高の高い車にアピールするためにフラッグを立てている　[右]広場にやってきた若いお父さん。父娘でヘルメットを被っている。よく見ると、娘は「チャイルドシート」に「シートベルト」だ。クルマ並みだね

[左]ベートーヴェン御大の像のある広場には市がたつ。そこにももちろん自転車で
[右]これが子どもリヤカー（トレーラー）だっ！

[左]大学の構内には自転車フリーマーケットの看板が
[下]ボン大学構内を行き来する学生たち

中心街から少し外れた自転車レーン

かのマルクス先生も学んだボン大学。よく見ると、中央にリカンベントを漕ぐ学生が

圧巻のミュンスター駅前駐輪場はまるでガラス張りの要塞。自転車修理場やレンタサイクル店も兼ねている

[左上]駐輪場の自転車修理工（マイスター）のヴェッセルさん　[右上]自転車クリーニング機。中から出てきたのはレンタサイクル　[左下]上段はワイヤーフックで引っかけるタイプ　[右下]懇切丁寧に使い方を説明。この辺がドイツ人っぽい？

Münster
［ミュンスター］

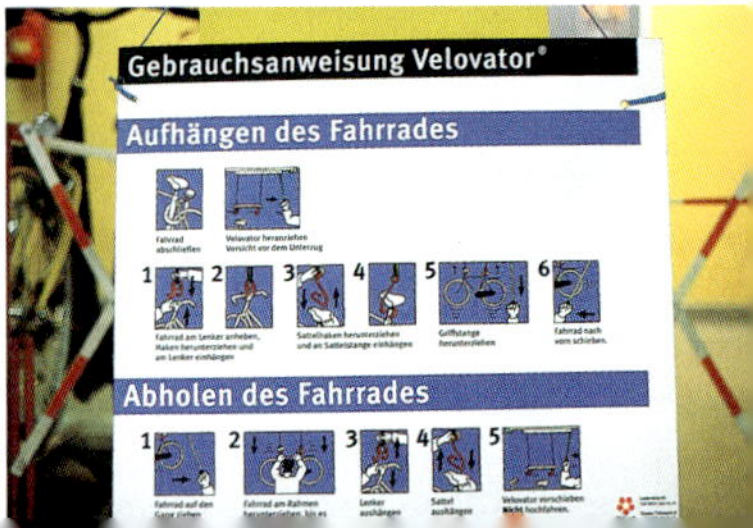

[左]ミュンスターのあちこちで見かけた駐輪バー　[中]お婆さんも走る　[右]学生街ミュンスター

[左]市内の小学校にもたくさんの駐輪バー
[右]石畳を抜けるツーリング中のファミリー。クルマが1台もいないことに注意

[左]カフェ内にも自然に自転車のままで入っていったお母さん
[右]石畳の中心部で演奏するアマチュア楽団

[左]連結自転車やタンデム（2人乗り）もミュンスターには違和感なく溶け込む　[右]同じノルトライン・ウェストファーレン州のコブレンツからやってきたというおじさんサイクリストたち

[左]この地域、車道はあっても基本的には自転車と公共性の高いクルマしか入れない。徹底したパーク・アンド・ライド　[右]見よ、この自転車自転車自転車……

[左]ミュンスターの由来であるところの大寺院　[右]ミュンスターの最中心街。日中は歩行者しか入れないとの標識が右に

[左]ミュンスター大学の構内で自転車デート中のカップル　[右]緑あふれる大学構内

[左]ミュンスター郊外の公園の入り口。中は数多くの自転車でにぎわっていた
[右]木漏れ陽の中をストレスフリーで走り抜ける。究極のリラクゼーション

お揃いの自転車でお出かけ。よく見ると手前が女性用で、奥が男性用モデル

駅構内で頻繁に見かける自転車ツーキニスト

フランクフルト中央駅構内で見かけた自転車なヒトたち

Frankfurt
［フランクフルト］

a 駅構内に乗りつけたら

b オレのホームは向こう岸か

c 電車が来るまであと5分

d じゃあ折り畳んでしまおう

フローニンゲン駅前。駅から一番手前が自転車道、ついでバスターミナルとタクシー乗り場、ずっと離れて車道がある

自転車でのグループ旅行者。分解したり、折り畳んだりせずに自転車を列車に載せるのは、当たり前になっている

Groningen
[フローニンゲン]

[上]マーケット周辺は実用に徹したダッチバイクの天下
[右]とはいえ、若者はやはりマウンテンバイクにも乗る

[上]市の中心部、マルティニ聖堂周辺は自転車と人とカフェしかない。見事なまでにクルマが排除されている
[左]朝になると、こうして街は通勤通学の自転車であふれる

[左上]聖堂前で出会った子連れのオジさん。日本型の子載せもこうして存在する
[右上]一般車両は通行止め。バスとタクシーと自転車とモペットだけがここを走れる
[左下]郵便屋さん
[右下]オランダの郵便配達用自転車は、マウンテンバイクに大量の郵便物を積む

Amsterdam
［アムステルダム］

スカートでもダッチバイク。トラムと並走するようにアムステルダムを自由に走り抜ける

夫婦で、家族でダッチバイク。ダム広場脇、自転車レーンと自転車専用の信号機に注目

アムステルダムの自転車専用道路。自転車がその本来のスペックで安全に走行できるよう、自転車道の中には歩行者すら入れない

フリーマーケットに出品された自転車。新品のダッチバイクは、一番安いもので1000ギルダー以上（約5～6万円）と意外に高価なのだが、中古で買うと100～250ギルダーほどで買える

[上]トラムの線路と並走する自転車レーン。ちょうど自転車に跨った高さに自転車用信号の押しボタン！
[右上]アムス流駐輪術。ごつい鎖でおよそ巻きつけられ得る限りあらゆるところに巻きつける
[右]ダム広場。見よ！ この自転車の数

国立美術館の下の自転車道を抜けると、ミュージアム·パークがひらける

ミュージアム·パーク内の自転車道。後ろに見える円い建物はファン·ゴッホ・ミュージアム別館

[上]休日のファン・デル・パークは、アムス市民の憩いの場
[下]それぞれ、週末の自転車生活を愉しんでいる

◉成熟の手前で（フローニンゲン）

一見カオスの通勤風景

不老人間、もとい、フローニンゲン市はオランダの北東地域に位置する。いつまで経っても年の若い人間があまた住むと噂されるところ。地上の楽園だな、たぶん。さらには、この街の近くには有名なスケベニンゲン市もある。大きな海水浴場などもあるというコレまた地上の楽園であるという噂なのだが、そんな誤解をするのは日本人だけですね、はい。

さて、オランダにやってきた。ご承知の通り、オランダの正式国名「ネーデルラント王国」のネーデルラントとは「低い土地」という意味だ。

遠浅の海岸を陸地にすべく、干拓に干拓を続けてこの国はできあがった。国土のおよそ四分の一はポルダー、つまり海面下にある。平らな平らな国。

堤防のアリの穴を指でふさいだ少年の話を、誰しも子どもの頃に聞いたことがあるでしょう。また、有名な「神は大地を創ったが、オランダはオランダ人が創った」の言葉もあるぐらい。東京江東区のゼロメートル地帯に住む私は、何だか親近感を持つぞ。とは言っても、こちらは工業用地下水の汲み上げすぎでこうなってしまったんだけどね。

まあいい。堤防に囲まれたこの国は、必然的に「地球の温暖化」に敏感になった。温室ガスの排出が続くと、海面が上昇して国自体が海に沈んでしまうのではないか、との危惧があるからだ。

フローニンゲン市もそのオランダの例に漏れず、海の近く、ほぼ海抜ゼロメートルの街である。そこに自転車が溢れる。傾いた尖塔《せんとう》を持つマルティニ聖堂を中心とした、これまた中世からの古い古い街。聖堂の真ん前に広場があって、その真ん中がマーケット。市庁舎もあって、デカいカフェが密集していて、要するにここも中世のヨーロッパの街づくりそのままにできているのだが、その中心地に入れる交通機関は、例によって自転車とバスとタクシーだけ。

この街の朝はゴローンガラーンと鳴る、その教会の鐘の音とともに始まる。同時に出現するのが、街中で、交差点で発生する自転車の通勤ラッシュだ。

ほぼ一〇〇パーセントがダッチバイク。ドイツほどに走るところが明確に規定されてなくて、自転車はあっちゃこっちゃと一見、脈絡なく走ってる。自転車用の信号機が青になる。と、同時に四方から一斉に自転車が走り出す。カオスだなあ。ドイツから来るとそう見える。

ドイツとオランダとの違い

フローニンゲン市を一言で言うならば、古いものと新しいものが混在している自転車の街、ということになるだろうか。

中世の石畳の道を拡張し、歴史ある建造物だけを残して、市の当局は大きく街を変えた。駅前には一種前衛美術的な博物館や、ガラス張りの近代的な駐輪場が、ゴシック調の駅舎と軒を連ねてる。

その前を通る歩行者用の道などは青や緑や黄色に派手派手しく塗られ、そのすぐ横の専用レーンを自転車が縦横無尽に行き交っている。

実はこの街に降り立ったそのときから、駅舎のすぐ前に自転車道が走っていて、おお、と感嘆した。駅を降りたらすぐに自転車道、というのは初めて見ましたぜ。その向こうに車道があって、そこをバスとタクシーが「すいません、はい、え、すいません」と言いながら通っているのだ。街の交通の主役は自転車。これはこの街でも当たり前の事実なのだが、実はフローニンゲンの自転車は、歩行者にとって多少怖い。結構なスピードですぐ横をスイーッと通り過ぎたりするからだ。

この街にはオランダ人の夫を持つ日本人女性、中沢陵子さんがいた。

風の強いオランダの金曜日、中沢さんは自転車に乗って我々の前にあらわれた。彼女はフローニンゲン市とオランダの文化や習慣についてホームページを開いている女性でもあったのだ。日本で下調べをしていた私にとって、彼女のウェブサイトは大いに手助けになっていた。

「驚きませんでしたか？　自転車が溢れているこの街には……」

「いーえ、実は私にとってはそうでもないんです。ここに来る前にミクロネシアの島に住んでいましてね。そこではクルマがあまりないから、主に交通機関は自転車。さらに前は私は筑波大学の学生だったのです。あの大学をご存じなら分かると思いますが、キャンパスが広すぎて、学内移動はみんな自転車が普通だったんです。

だから自転車には慣れっこで、まあそんなに驚きませんでしたけど」

フローニンゲン市のカフェで彼女は話した。真夏のウィークデイなんだけど、寒いな。ここは。いつもこうなのかな。

「今日は寒い方ですけど、そんなに特別というわけでもありません。この辺りはいつも曇りがちで、しょっちゅう小雨がぱらついて、真冬は寒い。雪も降ります。そういう意味では自転車にはあまり適した街だとは言えないと思うのですけど……」

「でも自転車が主役になって長い、と」

「ええ、私も私の夫も、みな自転車です」

「やはり環境のために？」

「うーん、自転車に関しては、そういう雰囲気でもないんですよ……」

確かにフローニンゲンは、環境というものに気を配った街と言えるのかもしれない。中沢さんの話でもペットボトルにデポジット制が導入されてたり、干潟の天然ガス開発をやめてみたりと、日本と較べても環境問題に、より進歩的な考え方をしていることが分かる。

しかし、それと自転車とは別だ。自転車はもはや空気と化していて、誰も「環境のために自転車に乗る」とは思っていない。便利な道具、ただそれだけだ。だから、私の目で見ても、ミュンスターの自転車に較べて、ココの自転車は古い。というのか、悪い言い方をすると薄汚い自転車が多い。センタースタンドが折れたままで壁に立てかけてあったり、ブレーキワイヤーが切れててもそのまま乗っていたりとね。もちろんサビサビ率もかなり高い。

そのあたりがドイツとの差だ。あまり多くの人がヘルメットを被っていないのもそう。どちらの方が望ましいかと言われれば、教科書的にはドイツということになるだろう。でもまあ、この国は自転車活用の歴史が長いからね。

同じ二輪といいながら

聖堂前の広場で会った子連れのオジさんは「ここは自転車泥棒が多いから、あまり高価なのに乗っていると盗られちゃうんだ」と言っていた。

「信じられないことにこの二年で三台盗まれたんだよ。三台だよ、信じられるか、日本人。だから、今のオレは子どもを運ぶこの自転車（話を聞いた際に彼が乗っていたもの。お人形さんのような金髪の息子がハンドルキャリアに乗っていた）と、趣味のマウンテンバイクの二台しか持ってない。MTBは週末用だ。家にしっかりしまってある。

この自転車だってもちろんカギはかけるさ。それでも持って行かれちまうものは持って行かれちまうんだ。だけど、この自転車だったら持って行かれても、まあそんなにガックリしないよ」

ふむ、なるほど。だけど、そんなにしてまでなぜ自転車に？

「そんなにしてまで？　いや、歩いてたらどんなに時間があっても足りないじゃないか」

「クルマでは？」

「クルマ？　ああ、そういう選択もあるにはあるな。でも、この街に住んでみれば分かるけど、クルマは不自由だぜ。街の真ん中には駐車場がないし、路上で駐車しようものなら、すぐに警官がとんできて罰金だ。それが尋常じゃないくらい高いんだよ（邦貨で約一七万円！）。もうファックだ、懲り懲りだ。ほら、アソコ見てみな、標識にカメラのマークが書いてあるだろ、街の中心地域はカメラで監視されていて、違法な駐車はすぐに持ってかれちまうんだ」

街の中にはクルマで入れない。それは一方で事実であって、一方で事実でない。別段入ろうと思えば入れるのだ。だけれど、停めるところも、入れる道も限られているしで、結局、行為そのものが不便でしかない。だから人々はクルマに乗らない。

「でも、この街はそんなに広くない、それどころか、ちっぽけな街だからね。中心部から一〇キロ圏に大抵の人が住んでるんだ。クルマの必要なんてないね」

街を走るクルマの種類はわずかに三つ。バスと小型のトラック（ダイハツ製の軽トラックが多い）と、タクシーだ。タクシーが多いのが、ドイツの街とのちょっとした違いなのだけれど、それはココの住民が夜中に酔っぱらって自転車を置いて帰っちゃう、ということとも無関係ではないと思う。

必然としての自転車。でも、それは自転車的であって自転車的でないこの街のもう一つの光景を作った。

ここは二輪は二輪でもオート二輪、すなわちオートバイが多いのだ。だいたい二輪車のウチの二割ぐらいがそうだっただろうか、主にプジョー製とヤマハ製とピアジオ社（ベスパを作ってる会社だね）製のスクーターが、自転車道をけたたましい音を立てて走りすぎていく。数としてはそれほど多いとは言えないが、なにせうるさいから目立つ。主に若い男の子がこれらのビークルに乗っている。

まあ確かに駐輪も（クルマに較べると）しやすいし、元々二輪用にできている自転車レーンだから、速くて便利だとは思う。だけれど、エコロジーという観点からは無論のこと大きな退歩だ。私も少しは残念に思う。だいいち自転車に対して危険だ。

でも、同時に思うよ。ひょっとしたら彼らは長く続いた「自転車的なるもの」に飽き始めているのかもしれない。大人から子どもまで、爺さんも婆さんもみんな似たような自転車に乗って、それが当たり前だという社会に。

その意識に拍車をかけているのが、監視カメラによる駐車

ひっきりなしに人が出入りしていた駅前駐輪場の自転車修理場

大学近くの駐輪場。自転車のハンドルには学生向けイベントのチラシが

禁止マネージメントなのではないか。

何しろオジさんの言う通りホントにあちこちに「カメラあるよ」の標識があって、そこに「カメラで監視しているから、違法駐車するとすぐに見つかるよーん。罰金は容赦なしだよーん」とか書いてあるのだ。この違反監視カメラ体制が、若者の「理由なき反抗」に火をつけているのだと私は見た。

若い男性にとって「乗り物」がただ単に「移動手段」というだけでなく、自分の何かを預ける特別なものであることは、どこの国にも共通のことだ。別段、我が国の「夜露死苦」の子どもたちを例に挙げるまでもなくね。

で、まあ、クルマの利便性が絶望的ならオートバイに行くわな。しばらく乗ったら、再び帰ってきなさいね、自転車に。

フローニンゲンで特記すべきは、街の周辺、郊外の色々なところに駐車場が用意されていて、そこから中に入る際に自転車を利用する、というシステムをとっているところ。

コレがいわゆる「パーク・アンド・ライド」。アムステルダムやボンほどの大都市でない（つまり郊外電車やトラムをさほど充実させることができない）場合に、非常に有効なやり方とされている。実際にミュンスター市も、そのやり方を採用しているし、ヨーロッパ中の色々な中小都市で、続々と実験が行われている。

日本の地方都市の一部でも、割合抵抗なく受け入れられるのではないか、との期待もあるらしい。

自転車パンツを買って

センタースタンドの比率が異様に高い。ほぼ一〇〇パーセントがそうだ。この日本との差はなぜだろうと思う。実際に使ってみるとセンタースタンドはなかなか使い勝手がよろしい。コレは私自身が長年経験済みなので言えることなのだけれど（私はロードレーサーにセンタースタンドを付けている）、見た目を損ねず、重量をさほど伴わず、思う以上に安定している。

日本にリアサイド型、もしくはリア両サイド型が普及しているのは、聞けばマンションなんかの駐輪場に入れやすかろうというメーカー側からの配慮なのだそうだ。密集した自転車置き場に入れるときは、まあ確かに後ろっかわにスタンドがある方が便利だからね。だけど、これらの街の場合、そういう駐輪場においては、専用のキャリアが用意されているので、スタンドは要らない。よって合理的なセンタースタンドが普及したというところなのだろう。実際にちょっとカッコイイ。

センタースタンドはあまり目立たないのがいいんだな。自転車は元々完成された美しいフォルムを持っているから、そこに余計な付属物がつくとちょっと困るのだ。運搬車のような質実剛健のダッチバイクだって、センタースタンドで停められている。リアにガッチョン、という例のヤツがないだけでも、自転車がオシャレに見えてくる。

フローニンゲンの夏は、夜一〇時になってもまだ明るい。

中央マーケット近くのシシカバブ屋で、ビールを飲みながらぼんやりと街を見ていると、目の前をカリブの人々のパレードが通り過ぎていった。カリビアン・リズムで踊り狂うマッチョな男たちと巨乳娘たち。明日がカリビアン・フェスティバルで、その前夜祭なのだという。

もとよりこの街には多様な人々が大勢住んでいる。チャイニーズやアフリカンなども多くて、そのあたり、ミュンスター市と違った表情を見せてくれる。

完全なる自転車シティであるミュンスター市は、しかし、どこかキレイキレイ過ぎて、馴染みにくいところもあったのも一方の事実だ。街中の人々がみな、どこかインテリ風で、カッチリしていて、破綻《はたん》を許さない、そういう雰囲気があった。何しろほとんどドイツ人しかいないのだ。あの街には。ほぼすべてがゲルマン系。だから日本人がそこにいると必然的に目立つ。

それに比較すると、フローニンゲン市には色々な人種がいるなあ。目の前のカリビアンたちも、どこから湧いてきたものか、パレードの列をどんどん大きくしながら、中央マーケットを練り歩いている。独特のリズムが心地いい。

そもそもが港町だ。多種多様な文化がココに集まって、多種多様な花を咲かせてきた。その多様な価値観の中で、人々がそれぞれに自転車を選ぶ。中にはスクーターを選ぶ人もいるけどね。

この街のお土産屋さんに顔を出したら、自転車の描かれたマグカップやらTシャツやらがたくさん売られていた。私は自転車の絵柄がベタベタ描かれた下着のトランクスを買った。サイズの違いがたくさんある。ここに色々な人が住んでいることを示すがごとく。

社会運動でなく、もちろん強制でもなく、オランダ人が自転車を選ぶこと。そこには何か秘密があるのではないか。その答えはおそらくこの国の首都にある。

シティバイカーの聖地として名高いアムステルダムだ。

自転車乗り誰しも「自転車天国アムステルダム」の噂は聞いたことがあるのではないだろうか。そのアムステルダム。ついにその街を訪れるときが来た。

◉そして、聖地へ（アムステルダム）

ママチャリとダッチバイク

で、話は突如として日本に行くのだけれど、そろそろ我が日本のママチャリについて考えなくてはならないと思うのである。

日本の自転車の八割を優に超えるシェアを誇る、例の婦人用軽快車だ。のどかな住宅地で、ごっちゃりした商店街で、買い物のビニール袋を前のカゴに入れながら、たくさんのママチャリがゆっくりと走りすぎていく。穏やかな光景。乗っているのはもちろんたくさんの良きお母さんたちだ。

駅前に、スーパーの前に、ずらりと並んで、昼下がりの日光に照らされているママチャリたち。その風景を汚いと見るか（そういうふうに見るヘンな人は、意外なほどに多い）、平和な光景と見るか。また、ママチャリそのものを可愛いと見るか、みすぼらしいと見るか。

ただ、確かなことは、そのママチャリを「カッコいい」と見る人だけは、皆無であることだ。

例によってダッチバイクが街中に溢れる街アムステルダムにいたって、私がいよいよ実感せざるを得なくなったのが、そこだった。

運搬車風のダッチバイク

ダッチバイクというのは前述のミュンスターで出たごとく、頑丈命無骨上等のオランダ風軽快車なのだけど、形からみると「軽快車」と言うよりも、むしろ日本では「運搬車」と言った方が近い。実用性と耐久性だけを重んじてるから必然的に重いし、余計なものは付けないというポリシーだから、前カゴはないし（荷物は後ろの荷台に載っける）、スカートガードもない。ついでに言うと色も「可愛く」はない。ピンク色のダッチバイクなんて皆無だ。すべて黒か、ネイビーか、モスグリーンか。

ただ、この無骨な自転車が、街の中では実にカッコいいのだ。

特に女性が乗っているのがカッコいい。オバさんであろうとおネエさんであろうと、何だか「自立した女性」という風情で凛としているのだ。

オバさんの後ろの荷台には、買い物カゴがくくり付けられていて、そこに野菜や肉が入ってる。つまりは、やっていることに彼我の差はない。それなのに、醸す雰囲気がこんなにも違うのはなぜだ。ボンからこちら、ずうっと感じてきたその感じが、いよいよホントにそうなんだということに気づいたのが、やはりアムステルダムだった。それは決して偶然でない。

ダッチバイク、すなわち「アムステルダムのママチャリ」には、何か大切なことが隠れている。

シティバイカーの聖地

さて、アムステルダムの旅行者向けフリーペーパー「BOOM!」の第一ページ目にはこうある。多少、若者向き、貧乏バックパッカー向きのペーパーで、そういう部分は差し引きながら、それでもこの街の雰囲気を伝えるには充分だ。

ハーイ、アムステルダムにようこそ。偶然にもコレを手に取ったキミに、編集部からベストなアドバイスをしてあげよう。

自転車を借りて、自分の足でこの街を探検するんだ。トラムなんかより（もちろんブラブラ歩いてるファッキンなヤツらより）絶対に楽しいぜ。目に付いたレンタル自転車屋に入って見ろよ。一日たったの一五ギルダー（邦貨七五〇円程度）で走り放題だ。もちろんジャンクショップやブラックマーケットで、チャリンコを調達してきてもいい。なかなかクールなダッチバイクが、二五ギルダー程度で買えちゃうこともある。だが、待てよ。そういうのはやっぱり盗品バイクのことが多いんだ。だから、警察につかまったりすると、キミが盗んだ犯人にされることもあるから、そのへんは要注意。

まあ、もちろん、そんな危ない橋を渡るわけはないんだが、私がレンタサイクルで借り出した自転車も「これぞダッチバイク」という典型的なものだった。

「さあ、日本人。自転車の街アムステルダムをじっくり見ておいで。ココには自転車で行けないところはどこにもないんだから。ただ一つ、トラムには気をつけなよ」

レンタル自転車屋のオヤジが、そう言って送り出す。

アムステルダム市は、中央駅を要とする扇形をしている。駅の背中は海だ。そして、その規模は自転車で巡るのに実に適当だ。直径五キロの円の中に主だったところがすべて入る。歩いてまわるにはホネだけど、自転車なら楽勝。街のサイズからして自転車向きなのである。人口はおよそ七〇万人強。

借り出したダッチバイク

市内のレンタサイクル屋

今までの街から較べると断然大きいけれど、日本で言えば静岡とか熊本、そういった規模の街だ。この街も例によって道路が自転車道と歩道と車道とにきっちりと分かれている。

オレンジ色に塗られた早朝の自転車道。その路上を、ダッチバイクに乗ったオジさんとオバさんがひっきりなしに通っていく。街にはホームレス風のオジさんもいるし、ゴミも捨てられたりしているんだけど、朝の空気がすがすがしい。それは東京では決して味わえないものだ。同時に静岡でも熊本でも味わえないものでもある。

つまりは空気そのものがキレイなのだ。クルマの排気ガスがほとんどない。空は快晴。歩行者と自転車はそれぞれに広い歩道と自転車道を行き来している。その後ろをカラフルなトラムが通り過ぎていく。

実はアムステルダムは自転車の街であると同時に、トラム、つまり路面電車の街でもある。市内各所に張り巡らされたトラム網は、ひっきりなしに市内を行き来し、自転車に乗れない人、大きな荷物、雨の日、などの需要を埋めていく。

「こんなところにも?」と思うような細い路地にも線路は刻んであって、ちょっとぼんやりしてると後ろから、ぢりぢりぢりーん、トラムのお通りだよーん、線路からどいてくれー、と警告を受けてしまうのだ。

この街では一にトラム、二に自転車と歩行者、そしてかなり遅れてクルマ、と路上の偉さのヒエラルキーがかなり明確に決まっている。

意外なことにトラムに自転車を載せてはいけない。最初、私は「あれ？　噂と違うな。なぜだ？」と思った。だが、実はそれでいいのである。この謎も、これまた後に解けてくる。自転車と公共交通機関との巧みな連携が、この街の交通システムを未来的なものにしていることが分かってくるのは、もうちょっと後になってからのことだ。

中世から続くアムステルダムの道路は、もとより狭い。そこに歩道と自転車道のそれぞれをきっちりと明確に、そしてかなり広く作るものだから、クルマは必然的に片側一方通行となる。監視カメラこそ目立たないものの、駐車違反への厳しさはフローニンゲンと同様だ。

まったくクルマが通れない路地も実に多い（これをトランジットモールという）。そして、違法駐車がない分、街の中には駐輪場が数多く設置されていて、そこに大量の自転車が停まっている。それらは日本で言うところの「放置自転車」だろう。確かにオランダの自転車はドイツよりは薄汚いものが多いし、ミュンスターのように整然と停められているとは言いがたい。だが、そこに停める者、取り出す者が実にひっきりなしに現れる。

誰もが自転車に乗る。そしてこの規模の大都市でありながら、クルマが異様に少ない。そしていつしか、王宮前、ダム広場に出た。

そこに集まる自転車自転車自転車……。思い思いの格好でここにやってきた人々がココに集い、やってきた人間とまさに同じ数だけの自転車が、そこかしこに存在する。

そこを通り抜けるトラム。トラムと競争するように走りゆく自転車自転車自転車、信じられないほどの自転車の数。ココは確かにシティバイカーの聖地だ。

過激なり、オランダの自転車政策

実は二〇年も前にオランダは気づいていた。一九八八年の時点で、すでに「環境対策による国土保全」が国会の議題になるぐらいに。だから、世界に先駆けてのオランダの自転車政策は、実に徹底的なものとなった。

たとえば九一年に発表された「自転車マスタープラン」を見てみよう。一読、日本だったら即座に却下されてしまうような過激なプランなのだけれど、それがいちいち実現していきつつある。

一部を抜粋する。

・二〇一〇年までに自転車の走行距離を三割アップさせる（一人一人の走行距離をより長く、つまりその分、クルマの使用距離を短くさせる）。

・都市部の五キロ以内の移動は、クルマよりも自転車を速くさせる(「させる」というところが重要。つまり都心部をクルマにとって走りにくくさせる、という施策だ)。
・自転車通勤人口を五割アップさせる(おお!)。
・すべての企業に対して、自転車交通に貢献する計画を作成させる(つまり自転車通勤者の施設を作ったり、自転車通勤の交通費にインセンティブを与えたり、ということだ)。
・自転車利用者の死亡事故を現在の五割に削減する(自転車の事故はクルマが関わらない限り、死亡事故に繋がることがほとんどない。つまり、これは自転車が走るところには、クルマが入って来られないように、ということを眼目にしている)。
・市街地のクルマの速度は二〇〇八年までに、すべてを時速三〇キロ以下に制限する(コレは今現在ですでにおおむね実行されている)。
・管理人付き、盗難防止システムの付いた駐輪場を、市内各地に作っていく。

なかなか徹底的だよなぁ。日本だったら、と思うと「うーん」と唸《うな》らざるを得ない。総論賛成、各論反対なんて、すぐに族議員たちから骨抜きにされてしまいそうだ。または「わはは、スローガンちゅうもんは、あくまでスローガンやさかいのう……」なんてことになるか。どこの言葉だ。

ところが、この国では違った。

渋滞、環境、事故、その他、多すぎるクルマの弊害に、マスタープランの翌々年の九三年、住民投票は「脱クルマ社会」を選んだ。もちろん例の「自国が海面下に沈むかもしれない」という危機感もあってのことだ。そして、オランダの首都アムステルダムは、世界の先陣を切って、首都として自転車活用への「イバラの道」を歩むことになったのだ。

「自転車政策は確かに効果的だ。しかしそれは多くの忍耐を必要とする」

自転車マスタープラン計画責任者のトン・ヴェレマン氏は、そう語ったという。マスタープランに先駆けてのインフラの整備だけでは、あまり自転車の利用頻度が増えないのではないか、との懸念である。

何といっても首都だ。東京で、ロンドンで、自転車が交通の主役になれると思うだろうか。ましてや「自由と寛容の街アムステルダム」である。オカミからの強制がきくとは思えない。生粋のオランダ人、トン・ヴェレマン氏も恐らくはそう思った。オランダ人の特質としてよくあげられる言葉がある。「隣の芝生のこと以外はすべてに寛容（芝生が荒れると虫がわいて迷惑をこうむるから）、しかも他人に無関心」

だが、結果から言うと、トン・ヴェレマン氏の懸念は、杞憂だった。現在、人々はみな自転車に乗る。人々は無造作に、あたかも空気のごとく自転車を扱っている。この一〇～

二〇年の間に、自転車は完全に交通機関として定着した。

自由と寛容の街アムステルダムで、なにゆえこれほど自転車は定着したのだろうか。コレはアムステルダムの謎と言っていい。

実は、自転車の置き方に関しては、この「寛容と無関心の法則」が当てはまるのだ。

実際ミュンスターやボンからやってきて、いざこの街に入ると、言っちゃあなんだけど、オランダ人の駐輪の仕方はマナーに欠けている。「ひょっとすると日本よりデタラメかなぁ」とすら思う。

駐輪場は確かにたくさんある。だけど、その駐輪場が不幸にしてすでに満車だったりすると、ガードレールだろうが家の柵だろうが、あらゆる場所に、鎖で自転車を巻き付けてしまう。

「こんなの誰が乗るんだい」というタイプの古いダッチバイクも多い。四分の一がすでに壊れてる。また車輪だけが鎖に繋がれて、虚しく残っている例もある。これらは無論、盗難の残骸だ。

大都市アムステルダムの自転車は、綺麗なのも多いけど、汚いのも多い。きちんと停めてる人も多いけど、滅茶苦茶に置きっぱなしにしている人も多い。

つまりはここはそういう都市なのだ。何しろ自由。どんな格好をしていても、どんな自転車に乗っていても。男同士で抱き合っていても、マリファナ（大麻）を吸っててもね。

オランダには、「風車」「チューリップ」「木靴」など、のどかで穏やかなイメージがある半面、ことアムステルダムに限ると、若干というよりかなり、くだけたというより崩れたイメージがあるのはこの自由性と無関係じゃない。事実、犯罪の発生率などは日本よりははるかに上だ。

その自由な街で、それでも人々は自転車に乗る。

この街にとって自転車とは何なのだろう。

自転車で郊外に行こう

さて、オランダと言えば風車なのである。風の力。つまりは元祖エコなのである。

だが、アムステルダムの街中、都心部に風車が佇《たたず》んでるわけはなくて、郊外に自転車を走らせなくてはならない。季節が季節だけにチューリップは咲いてないだろうから、せめて風車だけでも見てこないことには、ということで、私はアムステルダムの郊外へと向かうことにした。

ウィバウト通りを市庁舎からまっすぐに南下していくと、すぐにオランダ地下鉄線の一つ目の駅「アムステル駅」に着く。あ、ココから郊外が始まるな、という感じのところだ。

駅前には、おや、駐輪場。それから自転車修理工場。さらには自転車屋。

駅前一等地と思われるところにこの三つがきちんとある。ふーむふむ、なるほど。自転車インフラが駅前に集中している。こうなると、駅は、電車のステーションっていうと同時に、「自転車ステーション」でもある。

あらゆる駅がこの調子だと、自転車は線路づたい、駅づたいに行きさえすれば、何のトラブルもないな。と思っていたら、その後もその後の駅も、ホントにオランダの駅前はみんなこうなのである。自転車が故障したら最寄りの（電車の）駅へ。コレはアリだよなぁ……。

さて、アムステル駅を過ぎると、太い幹線道路がまっすぐ南に伸びていくことになる。もちろん、これは車道。そこに、ずうーっと広い自転車レーンが併設されている。都心の石畳と異なり、オレンジ色のアスファルトで固められていて、スピードが格段に出る。見通しもよく、実に気持ちがいい。

そして、このレーンについて日本と圧倒的に違う点が、二つ。

一つ目は歩道、車道と、自転車道がしっかりと段差で分かれている点なのだけれど、もう一つが重要だ。これはドイツにも言えることだが、この国の自転車乗りには、レーンを逆走する人がまったくいないのだ。オランダではクルマと自転車は右側通行だから、オランダ人たちは車道の右のレーンを、必ず走る。

日本だったら左側通行の筈でしょ。だけど残念なことに、そういうことを気にするママチャリ族は日本にはまったくいないからね。右も左もデタラメだもの。私の近所の葛西橋通りでもそう。すなわち自転車に乗る側のマナーに日蘭では決定的な差があるのだ。インフラどうのではなく、コレまた一方の事実だ。

ことはレーンの逆走がないことだけじゃない。歩道を走る自転車もいないし、横並びでくっちゃべりながら、よたよた走る高校生などの存在もない。ましてや携帯メールを打ちながら、なんてのは論外だ。そして自転車という自転車が、信号をきちんと守る。交通システムを維持するために。事故を起こさないため、また事故に巻き込まれないために。彼らは自転車の乗り方を理解している。

日蘭のマナーの差の奥底に横たわるのは、自転車に関する権利のありようと同等に「義務と責任」が意識されているかいないか、ということだろうと思う。この国の人々は「自転車に乗る恩恵を享受する」のと同時に「自転車に乗る際に生まれる義務と責任」を自覚している。

考えてみれば当たり前のことなのだ。クルマに置き換えてみればすぐに分かる。日本でだって、レーンを逆走するクルマがいるだろうか。信号を守らないクルマがいるだろうか。

クルマに置き換えるとすぐに分かる常識が、自転車の場合、常識となっていない。

それはなぜか。

実は誰もが心のどこかでその答えを知っている。それは日本で自転車に乗る人々の一種の「甘え」と「無責任」だ。

自転車という存在が、「歩道の上の守られるべき存在」となり、交通システムの中で宙ぶらりんの状態となったときから、自転車というものに「責任」というものが消えた。どうせ自転車だから大丈夫よ、と、日本のオバさん（ホントはオバさんに限らないぞ）たちが思ったときから、こうあるべき、という自転車の姿が失われた。

ダッチバイクに乗るオランダ人がカッコよく、ママチャリに乗る日本人が、どうしてもカッコよく見えない理由はどうやらそこにある。彼ら、彼女らが凛として自転車に乗っているのは、自転車に乗ることの義務と責任を知っているからだ。

言うまでもなく、交通システムが、自転車というものに歴とした地位を与えていることが、その義務と責任を作っているのも大きな事実だ。しかし、同時に一人一人がそれをしっかり意識しているからこそ、というのも事実。そのことは日本にとって、まさに必要とされていることなのだとも思う。

さて、そのまっすぐの自転車レーンをしばらく走っていくと、やがて、あれあれと車道は高速道路に飲み込まれていった。

その高速道路の入り口付近に自転車のマークが付いた道路標識がある。その標識の下、自転車レーンは「自転車専用道」に変わり、千々に分かれているのだ。

日本なら「ちょっと余裕の一方通行道路」というぐらいの幅の道が、そこから縦横に続いている。その一つを選んで私は走り出した。

牧草、牛、羊、丘、樹木。

ダッチバイクで駆け抜けるお婆さん

それらの風景の中、自転車道はどこまでも続いていく。

リカンベントの自転車が走る。ロードバイクもMTBも走る。オバちゃんが、おジイちゃんが、ある者はバイクジャージに身を固め、またある者は薄手のロングスカートをなびかせ、我々とすれ違っていく。

同じような、自転車だけの道が、いくつも交差する。

クルマはまったくいない。乾いた風が丘の上から吹き、木々の葉っぱの匂いがオランダの夏を伝える。

緩やかな丘を上っては、下る。走りゆく人々のスピードは思いのままだ。遅い人も速い人も、自転車道そのものが太いから、何の問題もなく共存することができる。

短い坂を上ると、その下には高速道路が流れていた。自転車をそこに停めて、私は下を眺めてみる。ドイツ製のクルマ、日本製のクルマが、本来のスピードで走っている姿を、この国に来て、ここではじめて見た。ハイスピードで行き交うクルマたちは、都市間交通をこうして繋いでいる。

だけど、それを上から見下ろすドメスティックな移動手段は、こうして自転車だ。高速道路には自転車道の橋がいくつもいくつも架かっている。

アムステルダムの本質は、郊外にこそあった。自転車利用が、ただ買い物自転車にとどまらない理由。一人あたりの自転車運転距離が日本よりも格段に長い理由。以前『サイクルスポーツ』誌の宮内忍編集長が私に語ったセリフを思い出す。

「人はね、自転車に乗る環境さえ整えば、必ず自転車に乗るものなのです。いい例が日本にもあります。瀬戸内の『しまなみ海道』です。島と島を繋ぐ七つの大橋のすべてを自転車で通れるようにした。結果、レンタサイクルが大繁盛です。

人は本当はみんな自転車が大好きなのですよ。安全に、そして快適に走ることができるのならば、人々は必ず自転車に乗ります」

その言葉を証明するかのように、安全に快適に走ることのできる環境の中、オランダ人は自転車に乗った。

風が頬を、脚を、撫でていく。サドルの上では生身の肉体が自然に晒《さら》されている。その生身の力がそのままストレスフリーで推進力に変わる素晴らしさ。都心部とも違うダイレクトな移動感が風と空と緑の中にある。自らが風に変わる。

おお、その向こうに風車が見えてきた。もう三〇〇年も前から、風の力で水を汲み上げてきた木製の装置。それらはこの一〇〇年というもの足下を走る自転車をずっと見つめ続けてきたのだ。

この国の人はなぜ自転車に乗るか。

「ヘンなことを言うなぁ、日本人は。なぜ自転車に乗らないのか、そっちの方の理由を探す方が難しいじゃないか」

そう言ったレンタル自転車の管理人オヤジが一番正しかった。

一九八〇年代末期、最初に政府、市当局が「コレからは自転車を」と言い出したときには、ご多分に漏れず市民からも反発があったという。しかし、その不満を解消していったのは、何と言っても「自転車に実際に乗ってみること」だった。

あれ、いいじゃない、何の不自由もないどころか、こちらの方が便利だし、何より気持ちいいよ。そう思った一人が、次の一人に伝え、その一人が、また次の人に伝えた。自転車はきっとネズミ講なみの伝播《でんぱ》力で、アッという間にオランダ中に伝播したのだ。

私は思う。健康も、エコも、排気ガス削減も、渋滞解消も、結果はみんな後からついてきた。まず自転車ありき、で正しかったのだ。この国はその手段できれいな空気と、渋滞なき都市交通と、確実な幸せを手に入れた。

自転車に乗ら（れ）ない人はどうするか

風車の前にしばし佇み、それから、運河沿いの小径を走って、郊外電車の終着点ライ駅に着いた。ここから自転車ごと電車に乗ってアムステルダム都心に帰ろうと思うのだ。先に書いたように、トラムには自転車は載せられない。だが、電車はどうか。私はある種の確信があった。駅前にはもちろん自転車置き場、売場、修理工場の三種の神器が揃っている。で、駅構内に入ると、ふふ、やっぱり切符を売ってるよ。自転車用の。

回数券みたいな切符。それに自分でパンチを入れる。

パンチを入れる機械のすぐ背後にはエスカレーターがある。電車のホームは二階にある。すぐ横にはエレベーターもあるんだけど、そこは車椅子など優先。見ていると他の自転車人たちも次々とエスカレーターでホームに上がっていく。

ユトレヒト中央駅（アムステルダムの中心駅）行きの郊外電車は、ほぼ五分おきに現れる。音もなく来ては音もなく去っていく。「白線の後ろにお下がり下さい」なんてうるさい放送もない。電車のドアには例外なく自転車のマークが描かれていて、人々はそこに当たり前のように、自転車を載せる。段差がないから楽々だ。

電車の中、扉に一番近い部分が自転車用のスペース。補助椅子なども付いていて、自転車を載せたら、人はそこに座る。中にはフォールディングバイクを持ち込んでいる人もいる。だけど、よほどの混雑でない限り自転車を折り畳む必要もない。

電車はやがて地下に入り、郊外電車は都心地下鉄に変わる。それでも次々に自転車とともに乗り降りする人々は絶えない。それでも大丈夫なだけの自転車スペースが車内に用意されているのだ。

中央駅で降りると、そこからはオランダ国内はおろか、全ヨーロッパに向かう特急電車が発着している。そして、その電車のいちいちに自転車マークが付いている。どこにだって自転車とともに行ける。

駅の構外に出ると、そこにはトラムが待っている。自転車のない人は、ここでトラムに乗り換える。くり返しになるが、トラムに自転車は載せられない。トラムは自転車に乗らない（もしくは乗れない）人のための交通手段なのだ。そして自転車を携えた人は、ここから自転車に乗ればいい。

駅を背に、自転車に乗った人々が、それぞれの目的地に散っていく。もちろん広いスペースで区切られた自転車道を通って。

自転車で移動することに何のストレスもない街、アムステルダム。そして同時に、自転車に乗らない、もしくは乗れない人にもインフラが用意されている街でもある。

すべてはクルマを極力使わないために。

今更ながら思う。この街は正しい。

排気ガスにまみれて、渋滞が当たり前で、いつも空の濁っている東京に較べて、この街には圧倒的な正義がある。私はそう思わざるを得ないよ。

しつこいようだが、自由と寛容と他人に無関心の街だ。

何しろ自由でね。先に書いたように、この国では大麻を吸うのだって自己責任において自由だ。「コーヒーショップ」という名の大麻屋さんが国のあちこちに普通に存在する。有名な「飾り窓の女たち」に代表されるように、売春も公認。そして同性同士の結婚も認可される。実際に私がこの街を訪れたとき、ヨーロッパ最大級のゲイフェスティバルが、アムステルダム市の後援（!）で開かれている真っ最中だった。さらには自ら「尊厳死」を選ぶことを世界に先駆けて認めた国でもある。

すべて自らの自由意志に基づいて、自己責任のもとに自由。

その街で、人々は自転車を自ら選ぶ。

強制されていやいや自転車に乗るのではなく、自由意志のもと、一市民として、自転車に乗ることを選択する。インフラの整備ももちろんだが、それは一言で言って「大人としての」選択なのだと思う。

オランダには雨も降る（実際に五日間の滞在の中で二日降った。最終日は豪雨）。冬の寒さは日本の比じゃない。坂がないのは確かだけれど「日本と違って風土が自転車に向いてるからなぁ」と単純に言える状況でもないのだ。それでも自らの脚でペダルを漕ぐことを選ぶ。

大麻（大麻は麻薬覚醒剤の類と話が違う。まったく問題がないとは言わないが、アルコールよりも害は少ない、と、大麻を黙認するようになったのには、オランダ的なる「ヘドーヘン〈寛容・忍耐の意〉」の歴史があるのだ）の匂いはするけれど、排気ガスの匂いはしない街。ココは明らかに東京よりも成熟した街だ。

私が思うのは、その成熟さ加減が、自転車利用にも表れているということだ。駐輪をきちんとしない輩がいる、それはあまりよろしいことではないけれど、まあ、レーンを逆走するよりはマシだ。自転車はちょいと草臥《くたび》れることもあるけれど、クルマにふんぞり返って排気ガスを撒《ま》き散らしているよりはマシだ。色々なことを試していると、色々不都合も出てくる。でも、いちいち目くじらを立てていても仕方がない。

自分の人生の価値基準の中で、ある種の優先順位をつけること。それは人が成熟するということと、ある意味、同義だ。そして、その中で「これだけは譲れない」という市民意識が自然、生まれてくる。小さな不都合は捨てても、譲れない大きな何かがある。

オランダの場合、それが地球環境で、都市環境で、とりもなおさず、自転車的なる何かだったのだ。

〔コラム――10〕行政の動きと自転車活用推進研究会

霞ヶ関の官庁街を睥睨《へいげい》し、国会議事堂も最高裁もはるか高みより見下ろす、日本最初の摩天楼といえば、霞が関ビルである。その霞が関ビルの三三階の一室で、一カ月に一度、「自転車活用推進研究会」なる会合がひっそりと行われていることは、まあ多分ほとんどの人はご存じないであろう。

最近話題の「国会の私的諮問機関」というヤツで、将来的に「新自転車法案」提出を目指す、ということになっている。メンバーがだいたい三〇人弱。そのほとんどが国会議員と官僚と自転車関連団体のエラい人たちだ。ところが、そのメンバーの中に、なぜだか私が含まれている。

私はといえば、もうココまで読んでいただければご承知の通り「毎日、会社まで自転車で通ってるよ、往復二四キロぐらいかな」というだけの三四歳会社員男なのだけど、メンバーのほとんどが日々黒塗りのハイヤーに乗っている人たちだから、恐らく「誰でもいいから、民間人の自転車乗りを一人捕まえてこい」というようなことで、アミダクジででも選ばれたのであろう。

だけど、アミダで選ばれようが、勤務先が霞が関ビルに近い、というだけで選ばれようが、選ばれてしまったらこっちのモノなのである。だから、会合の度に「自転車専用道路を車道の三倍つくれ」だとか「首都高を自転車のために開放せよ」だとかのアジテーションを繰り返しているのだが、まあ結果としてどういうことになるのかは、今のところまだよく分からない。

しかしながら「自転車」という交通手段に関して、お国がようやく重い腰を上げ始めたというのも一方の事実で、そのきっかけは、何といっても京都会議である。地球の温暖化の懸念が自転車活用の後押しとなったのだ。

　というのか、例によっての外圧だわね、これは。

「京都議定書」（日本は一九九八年に署名）では、二〇〇八年から二〇一二年までの間に各国が温室効果ガスを削減する率を決めた。これは単に数値目標ではなく法的拘束力を持つものだ。よって日本の行政は、二酸化炭素削減に効果的であるとして、はじめて自転車に（少しだけかな）真剣になったのだ。

　断っておきたいのだけれど、私はこの手の行政の動きについて、決して悪いことだとは思っていない。自転車の活用を道路行政から考えるのは間違いなくいいことだし、よりよい自転車環境をつくるには行政の対応は不可欠だ。どうせお役人のすることだ、などと行政に対してあんまり斜めに構えていてもつまらない。

　さらに言うと、この「自転車活用推進研究会」の親玉、小杉隆元文相はロードレーサーで国会まで出勤していた。

　小杉氏はまだ小学生の頃、小児ぜん息で学校に行けない虚弱児童だったという。それを自転車で新聞配達をすることで克服した、その頃から自転車とのつきあいは始まったのだと語った。トライアスロンに出場する代議士ということでも有名だ。ここに私は期待をかけている。

　私は「自転車に乗らない」人たちの自転車会議をまったく信用しない。先にあげた「放置自転車」の項のごとく、まったく分かってない不毛な議論がなされるだけだからだ。

　自転車活用の論議はあくまでそれを使う視点から。国土交通省も、意外なことにそのあたりを考え始めている。

　その辺をふまえながら次の項目へ。

〔文庫版への附記〕
　自転車活用推進研究会は、その後〇四年にNPO法人となりました。現在も活発に活動中です。

9章

ビジョン2012

ならば我々はどうするべきなのだろう。
自転車というものを、どのような形で活用するのが、
環境のために、健康のために、有効なのだろうか。
自転車を都市交通の主役に据えるシステムは、
そうは言いつつも、まだスタートラインに着いたばかりだ。
実はオランダだってドイツだって、いまだに迷っているところもある。
ヨーロッパを真似るだけでなく、自らのアタマで新たなビジョンを創る。
そのことこそが、現在、日本に求められていることなのだろう。
期限は2012年。待ったなし。

◉一〇年後、できることは何？

もう三〇年も前のこと、バイコロジーという言葉があったことを憶えているだろうか。高度経済成長の末に、水俣病、イタイイタイ病など、公害が深刻な問題となり、二度にわたる石油ショックが日本と世界を襲った時代。「モーレツからビューティフルに」などのスローガンが、国をあげて叫ばれていた頃だ。

バイシクルによるエコロジー、つまりはバイコロジー。自転車に乗って自然、環境、そして人間性を回復しよう、というような運動だ。おやおや、現在と何かが似てますね。

でも、その「バイコロジー」は結局、定着しなかった。日本の企業社会はゴーリカに次ぐゴーリカで石油ショックを切り抜けたし、カイゼンに次ぐカイゼンで、まがりなりにも公害を抑えこむことに成功したからだ。

イラストレーターの真鍋博さんが、そのバイコロジーの頃に描いた「サイクルトピア」という架空の国の絵がある。真鍋さんはその頃からＳＦ小説のイラストなどを描くことが多く、未来都市を未来的に明るく描くことで有名なイラストレーターだった。

キャプションにはこうある。

「二〇キロ文明の国、自転車共和国。この国の住民は誰も自然を愛し、ヒトとヒトとのコミュニケーションを大切にしています。自分の足で自分の速度で、自分の好きな方向へ自由に動く。さあ自転車を見直し、人間性の復活を」

バイコロジーが言われ始めてから四年の後、昭和五一（一九七六）年のものだ。

イラストの中では、未来都市とおぼしき清潔な街で、人々がみな自転車に乗っている。子どもは三輪自転車に乗り、バイクジャージに身を包んだレーサー風の人もいる。キックスケーターのようなものに乗っている人もいる。お医者さんも往診に自転車を使ってる。ちょうど自転車を横にしたサイズの巨大なエスカレーターが、人を自転車ごとマンションの上の階に運んでいる。街の中には大きなパラソルを拡げたような駐輪場がある。巨大なガラスのパイプのような通路をたくさんの人が自転車で往復し、乗れない人のために、電気バスが通っている。

このイラストに描かれた世界は現実のものとなったか。

無論のこと日本で言えば、それはノーだ。

だが、ちょうど四半世紀が過ぎ去り、現実はようやくこのイラストに追いついてきつつあるのではないかと私は思っている。

あれほどひどかった公害は、何とか抑えたような気がした。しかし、まったくなくなったかと言えば、実はそうではなくて薄まっただけだ、というのは多くの人が気づいているとおり。そして薄まった筈の大気汚染が、NOxやCO2に名を変え、アジアにおける主な発生源は日本から中国などに移り、今、じわりじわりと地球と人を傷つけている。

自転車は可能な限り活用されなくてはならない。ヨーロッパの先進地域の例を見るまでもなくそれは事実だ。

ならば街は国はどうあらねばならないか。どう変わらなければならないか。いつまでに変わらなくてはならないか。

一〇年後、できることは何で、できないことは何だろうか。

◉自転車道の整備

自転車という交通手段が、独立したレーンを持ち得ること。これは最低限の前提だろう。先にも述べたように、自転車が交通システムの中の邪魔モノであることは、これ以上あってはならないことだ。

そして、絶対の原則がある。自転車レーンは「必ず車道を潰して作らねばならない」ということだ。

現在、日本のどこそこに見受けられる「自転車レーンを作りました」というレーンは、必ずと言っていいほど歩道を半分に区切ってその車道側を自転車レーンとしている。

これではまったくの本末転倒であって、それらのものを見るたびに、何のための自転車レーンだと、私は行政の担当者のアタマの中身を疑う。

環境のため、健康のための自転車。だけど、当たり前のことなのだけれど、自転車は別に空気清浄機でも何でもないのだ。自転車が環境に貢献するのは、別に自転車自体が環境に良いわけでなく、今までクルマに乗っていた人が、クルマを降りて自転車に乗るからなのだ。排気ガスが減るのはあくまでその結果なのである。

ヨーロッパの各都市が「自転車を優遇する」のと同時に「クルマを制限する」という方向に政策を転換しているのは、そういう意味で、まさに整合性がある。

現代の日本がそう行きつつあるように（私にはそう見える）「自転車も使いましょうね、だけど、クルマの邪魔はしないでね」というのではまったくダメなのだ。

以前は私も「それぐらいでも仕方がない部分もあるかな」と思っていた。だけど、それではダメだ。少しぐらいはマシだろう、でなく、まったくダメ。歩道を二つに分断すると、元々のスペースが半分になるわけだから、どうしたって歩行者は自転車レーンにはみ出す。そこに「自転車レーンだから」と、それ以前よりもスピードを出した自転車が通る。結果、自転車と歩行者との事故が間違いなく増える。排気ガスは減らない、事故は増える。これでは何のためのレーンかさっぱり分からない。

「自転車レーンは必ず車道を潰して作る」、これは鉄則。

あえて理想を言うならば、片側二車線の道路は、外側の二つ目の車線を自転車レーンに。片側一車線の道路は、一つを潰して自転車のために。クルマはもちろん一方通行となる。

そういった道路の整備が急務だ。

無論のこと一時的にクルマの渋滞は増えるし、荷物の運搬などの経済行為に支障が出るであろう。それはもう仕方のないことなのだ。渋滞がイヤならば自転車に。自転車で運べる荷物はもちろん自転車で。

日本全国、各都市（その範疇に入らない田舎は存在する）の道路はすべて自転車コンセプトで再建設する。そして、老人、障害者などのクルマが不可欠な人間と、クルマでないと運べないものだけがクルマに乗る。

そんなことができるのか？　無理だよ、と思うなかれ。できるのだ。

アムステルダムではそうしている。日本の各都市にも必ずできる。

自転車道のさらなる整備

さて、さらに整備が必要なのは、その自転車レーンの頭上だと思う。

自転車そのものを雨に強いものにするのは基本的に不可能。なぜならば、そうでなくても風に弱い自転車は、雨のフードをつけることによって必ず危険なものになるからだ。横風なんか受けると危ない危ない。

そこで、自転車レーンの頭上に透明なプラスティックなどの屋根をつける。雨に弱い交通手段なんだから、インフラでそれを補う。最初は幹線のレーンから、そして徐々にそれを増やしていく。

ごく簡単なものでいいのだ。骨組みと透明屋根。あまり重いものやがっちりしすぎるものは必要ない。何かのはずみで倒れたときにダメージが少ないように。壁も要らない。なるたけ安上がりにできるように。

まったく晴天の日と同じように走れる必要はないのだ。簡単なレインコートを身にまとえば、雨の日でも自転車に乗れる、その程度でいい。そして、雨の日の自転車はあくまで徐行だ。

屋根付き自転車道。自転車先進国の道が近づいてきたぞ。

自転車道のさらにその上の整備

もう一つのさらなる自転車道の整備は「自転車首都高」の敷設である。

信号機のないストレスフリーの自転車道。これは間違いなく有史以来の東京最速都市交通手段となる。鎌倉時代の馬なんかには若干負けるかもしれないけれどね。

これは決して冗談ではないのだ。

たとえば現在の首都高の高架の下に、もしくは首都高の真ん中を壁で仕切って、自転車道を作ってみる。信号機のないアスファルトの道は、普通の人間が漕いで、平均時速二五キロが出せる。ちょっと慣れれば三〇キロも楽勝だ。これは現在の首都高の平均時速を一〇キロ以上上回る。慢性的渋滞が当たり前の首都高の実状はそんなものなのだ。

自転車ならばいくら増えても決して渋滞にはならない。自転車の上方投影面積はクルマの面積の七分の一程度に過ぎないからだ。おまけに車間距離もクルマの比じゃない。

高速車と低速車のレーン分けだって簡単にできるだろう。

そして、ココにも屋根をつける。さらに高架をうまい具合に架ければ、坂すらなくなる。これが通ればもはや自転車を使わない方が変人となる。

逆に「東名、名神など、現在のいわゆる高速道路に自転車レーンを」なんてことは言わない。こういうのは棲《す》み分けってヤツで、自転車で東京から大阪に行こうなんて輩に便宜を図る必要はないのだ。そういう人はテント担いで下の道を通ること。都市間交通には、動力を用いる交通機関を使い、都市内交通は自転車で。これまた自転車政策の鉄則といえる。

自転車首都高の完成。それが成り立つ頃には、日本は自転車最先進国の仲間入りを果たしていることであろう。

◉鉄道の復活

あまり関係がないように思えるけど、関係ある。大ありだ。

ヨーロッパの例でお分かりの通り、自転車と鉄道はとても相性がいい。自転車を載せることのできる特急電車を新幹線にも在来線にもバンバン走らせるべきだ。

もちろん都心の地下鉄には自転車を載せてはならない。それは自転車に乗れない人のためのものだからだ。しかし、中長距離電車には自転車を載せる。自転車のために多くのスペースを割く。

駅に着いたら、そこから自転車。

従来の日本の国鉄鉄道網が、廃止廃止の憂き目にあったことは、返す返すも残念なことだった。あんなにエコな長距離交通手段はなかったのに。

だが、まだまだ遅くはない。錆びた線路を磨こう。廃線を復活させよう。そしてそこに自転車を載せるのだ。バンバン載せるのだ。

荒川線一本になってしまった都電も復活させるのだ。路上に再び線路を刻むのだ。

さあ、だんだん実現の可能性が怪しくなってきたぞ。

元に戻ろう。実現可能なことを考えよう。

◉二種類の駐輪場

公共の駐輪場は二種類を考えていただきたい。

一つ目は街中のあちこちに作る簡易な駐輪場だ。これは単に自転車を整然と並べて置くことだけを主眼とする。したがって用意すべきは、スペースと自転車据え付けの金属製バーだけだ。自転車レーンもしくは歩道を膨らませて作るといい。

現在のパーキングメーターがあるところを、すべてこの駐輪場に充てるだけでも随分違うはずだ。

もう一つの公共駐輪場は、駅前のなるたけ近くに作る少し大規模で屋根付きのものだ。もちろんミュンスターの大駐輪場がモデルなのだけれど、何千台収容、などと必ずしも大きさを競わなくてもいい。ただし、中には常駐の管理人、そして置くべき施設がいくつか必要だ。

その施設の一つ目は、自転車の修理工場。自転車を置いているその日のウチに修理が完了する、という具合のキャパシティがあると望ましい。

さらには雨具やカギなどを売る自転車用品ショップ。修理工場と併設という形になるから、ちょっとマニアックなサスペンションフォークなんてのも売ってるといい。それから自転車通勤者などのためのアメニティ施設、つまりはコインシャワーのようなものだ。

そして、その街への来訪者に向けてのレンタル自転車。管理人をおいてこれらをしっかり管理する。

これができると自転車に乗ることのハードルが随分と低くなるであろう。

後者の大きな駐輪場は、自転車行政を統括する役所を兼ねてもいい。防犯登録などがここで簡単にできたりすると言うことはない。

自転車ステーションたるものは何か

自転車ステーション。

これは日本の場合、間違いなくコンビニエンスストアが一番有利となってくるであろう。コンビニにエアポンプとパンク修理設備を置く。店員が修理できると一番好ましい。もちろん有料だ。きちんとビジネスとして成り立ってくれないと困る。

パンク以外の簡単な修理もできるともっと望ましい。

今日はもう疲れたよ、という人が、自転車を簡単に預かってもらう、というようなサービスも有益だと思う。いったん預けて、また後で取りに来る。これまたもちろん有料。一日いくらで料金を加算するといい。

いずれにせよ自転車に何かがあったら最初にコンビニに飛び込む。パンクでも事故でも。そうだ、ここでついでに保険の対応もできるといいね。そういうことは日本のコンビニはお手の物であろう。自転車保険に入りたい人はコンビニで手続き。

さらに、自転車自体のカタログ販売などもできるではないか。やってくれ、セブンイレブンッ、ローソンッ、ファミリーマートッ。

◉リヤカーはアリだ

冗談じゃないのだ。本気で私はそう思っている。

ドイツ・ミュンスター市では、自転車屋さんで荷物運びのためのリヤカーがまったく普通の顔をして売られていた。自転車の後ろハブを挟み込むようにちょこっとくくりつけるタイプ。日本の従来型の無骨なアレよりは少々小ぶりだけどね。

子どもを載せるタイプもあるし、割合にラグジュアリー志向で車輪などもしっかりピカピカしている。これに荷物を入れて運ぶ。普通のサイズの段ボール箱二つぐらいならば、楽々、載せられる。そうしている市民がたくさんいる。

オランダでは、牛乳のポット（小ぶりのドラム缶サイズ）を運ぶ自転車が今でも現役で走っている。これは前輪の後ろにポット二つを載せる荷台がある、というもので、前輪が遠くなるから、チェーンで結んだ手元のハンドルを回すことになる。

いずれもトラックを使うほどの量じゃないものは自転車で運んでしまおうという試みだ。これはいいコトだよなぁと思う。荷物を運ぶ自転車は優れて未来的なのだ。

よくよく考えてみれば、トラックで運ばざるを得ない荷物以外、つまり商用バンなどに載せていたはずの荷物は、自転車でも運べるはずだ。

さらに冗談に聞こえるようなことを言うと、東南アジアなどの「サムロー」もアリなのではないか。つまりは自転車版の三輪タクシーだ。ココまで来るとあまり賛同を得られなくなってくるとは思うのだけれど、多少の格好悪さに目をつぶれば、どうだ、サムローは。というか、東京と京都の一部地域では、もう「ベロタクシー」が走り始めている。人力プラス電動サポートの自転車タクシーのことだ。発祥の地は、やはりドイツ。このプロジェクトのさらなる発展を、私ヒキタは祈っている。

◉そしてその先に

ヨーロッパの例でもすでにお分かりの通り、そして最終的に目指すべきは「脱クルマ社会」だ。「脱クルマ依存社会」と言い換えてもいい。クルマの弊害を自転車とともに乗り越える、それが目指すべき未来だと私は考えている。

これがただ単に交通手段としての「脱クルマ」ではないところが、日本にとっては厳しいところなのだけれど。

分かっているのだ。

自転車もエコもいいけどさ、そんなことをしたらクルマが売れなくなって、日本はとたんに不景気になってしまうよ。自動車産業は日本の基幹産業だし、いい加減にしてもらいたいな。

そういう声もあることはよく分かっているのだ。

自動車産業の裾野は驚くほど広くて、この国に住む人は、工業に関わっている以上、何らかの形でクルマに関わっているとすら言える。鉄だってガラスだってプラスティックだって繊維だってみんなそう。ことは第二次産業だけじゃない。たとえば私が勤めているテレビ局にとっても、自動車産業は大きなスポンサーだ。クルマが外貨を稼いでくれることによって、日本という国は成り立っているといっても過言じゃないぐらいだ。

さらに言えば、自動車産業側にしたってクルマをより低燃費化、エコ化することに努力しているし、フューエルセル（燃料電池）の実用化だって間近に迫っている。

別段クルマが全部ダメだと言ってるわけじゃない。クルマはとっても便利だし、クルマじゃないとできないこともたくさんある。高齢化社会は、ますますクルマを必要とするのだろうとも思う。

だが、代用するべきは自転車で代用する。そして社会がその代用をサポートする側になるべきだというのだ。今の社会はどう見たって、必要のないクルマが走りすぎている。

子どもの頃に手塚治虫のマンガの中で見たSFの中の未来。

二一世紀には車輪のない「エアカー」が空中を飛び回り、人々は丸薬のようなものを食事の代わりにし、テレビ電話があって、ロボットがあらゆる労働を代行し、社会はコンピュータだらけになっている筈だった。

それらはご承知の通り、半分実現したし、半分は実現しなかった。ならば残りの半分は、これから先に実現するだろうか。

私はしないと思う。

二〇世紀の科学技術の濫用《らんよう》の行き着く先に二一世紀があるというのは、あまり正しくなかった。その科学技術を精査するべき時代が、この世紀なのだろうと私は思っている。エアカーもいい。だけど、そのエアカーがより大量の汚染物質を吐き出すのならば、それはやめよう。バイオテクノロジーもいい。だけどそれが人間を不幸にする可能性があるのならばそれはやめよう、という具合に。

もう一五年以上も前「メガネ拭き」がガラリと変わったのをご存じの人はご存じだろう。それまでのビロード様のメガネ拭きに変わって登場したのが、東レの「トレシー」というハンカチだった。現在、メガネ拭きはほぼ一〇〇パーセントこれになってしまったといえる。市場の席巻の理由はただ一つ。汚れ落としの性能が今までのモノと比較すると段違いだったからだ。

トレシーは東レの開発した超極細繊維を織ったもので、その極細繊維の太さがメガネに付着した油脂よりも小さく、より容易に油脂をこそげ落とすことができるようになったのだ。

私は高校生のときにこのメガネ拭きに出会った。その性能の圧倒的な差に、あ、これが未来だ、と思ったのを覚えている。

メガネを拭くという作業自体はまったく変わらない。洗剤を振りかけたりするわけでもない。だけれど、トレシーの出現によってメガネを拭くという作業自体が非常に効率的になった。それを支えているのはハイテク繊維だ。

何やら自転車に似てるでしょ。科学技術はこうあるべきなのだと思う。

この章の冒頭にあげた真鍋画伯は、彼自身、非常に自転車好きなのだと聞いた。彼の思い描いた未来は、これから実現するだろうか。

する。必ずする。そして、ここにきて、時代そのものがそうならねばならないと言っている。

［コラム――11］地球上で最高にエネルギー効率が高い移動手段、それは自転車である

自転車の動力は人力である。当たり前だがこれは大きな意味を持つ。一人力は、だいたい三分の一馬力に換算される。現代の普通の大衆車が、だいたい一〇〇馬力弱であることを考えると、人一人を運ぶのに、クルマに較べて三〇〇分の一の力しか要らないのがまさに自転車なのだ。

興味深いデータが堺のサイクルセンターにあった。

次ページのグラフを見ていただきたい。昆虫からジェット旅客機まで一定の重さを動かすのにどれだけのエネルギーが必要かのデータだ。

自転車がどんなに少ないエネルギーで物を動かすことができるか一目瞭然だ。ここまで差があるのか、と驚くのではなかろうか。ウマもヒトもイヌもウサギもネズミも、結構、体力を使って自分の体を動かしているんだなあ、と。

だがウサギにはウサギの事情もあると思うので、ここで注目すべきはもちろんクルマの部分だ。エネルギー効率が自転車に較べてはるかに悪いのはもちろんのことだが、クルマがそれだけの効率で、二トンの物体を引っ張らなければならないことについて、人は思いをいたすべきだと思う。

そして、そのエネルギーを作るのは化石燃料の燃焼なのだ。それはもう燃やしてしまったら再びかえってこない。

対して、自転車のエネルギーを作るのは米でありパンだ。それらは無論のこと再生産が可能。しかも空気中に発散された二酸化炭素を再び吸い取ってさえくれる。

この自転車の異様なほどの合理性、効率性。感動的ですらあると思いませんか？

■エネルギー効率の比較

動物や機械が1km移動するために必要な
エネルギー（重さ1g当たり）を比較

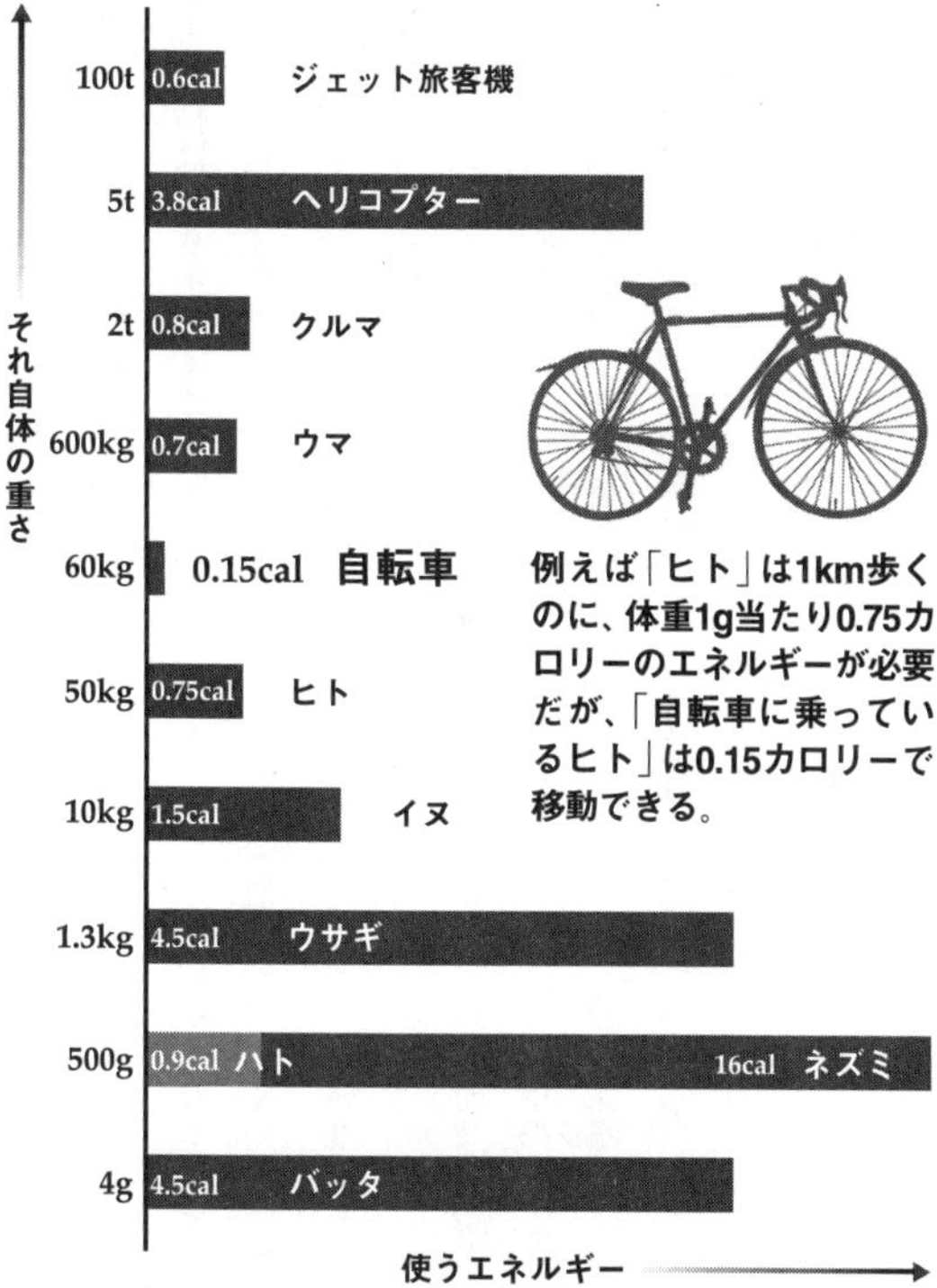

例えば「ヒト」は1km歩くのに、体重1g当たり0.75カロリーのエネルギーが必要だが、「自転車に乗っているヒト」は0.15カロリーで移動できる。

［自転車博物館サイクルセンター資料より作成］

ながーいあとがき

秋が通り過ぎ、冬がやってくる。

自転車による運動は、基本的にマラソンやサッカーやラグビーのようなものと言える。つまり、ひっきりなしに体を動かしているわけで、体温が発散しやすい冬に向いている。真夏に較べると冬の自転車は文句なく快適だ。人はたぶん大人になっても北風と友達になれるものなのだ。

汗だくになる夏に比較すると、冬に掻く汗の量は知れているし、風がうまく身体を冷やしてくれるから、疲労がたまりにくい。スポーツ選手にとっては当たり前のことなのだろうが、筋肉にとって過剰な熱がどれほど邪魔なものかを実感する。秋が深まるごとに坂道が上りやすくなるし、信号待ちの間の呼吸のリズムが遅くなる。

私の通勤経路上にある霞ヶ関の銀杏並木が一二月の中頃に一斉に葉を散らす。

快晴のある寒い日、午前一〇時頃に通りかかると、並木の先が見えないほどに一斉に散っていた。

皇居を背にして大きな交差点を上り（野球ができるくらいの広い広い交差点。交差点自体が大きな坂道になっている）、その通りに入ると、視界が一面、真っ黄色になった。私は自転車から降りた。地下鉄はこの真下の暗闇を通っている。地下鉄で通勤している頃だったら絶対に気づかない風景だった。肩や顔にさわさわと葉っぱが当たる。都会の中にいて、自然が季節の移り変わりを教えてくれる数少ない瞬間。

東京という街には銀杏と桜が実に多い。都の木が銀杏で、都の花がソメイヨシノだからかもしれない。双方の共通点は散るのがあっという間ということで、これを指して大和魂が、なぞと言い始めると話がワケの分からない方角に行ってしまうのだけれど、とりあえず私は銀杏が散る風景の方が好きだ。

桜はやはり、咲いているときが華だから、その散り様には一抹の寂しさがある。そして散る花びらはあまりに儚《はかな》すぎて、手に取ったら溶ける雪のようだ。地上に落ち、人の靴に踏まれると、ただの塵芥《じんかい》になってしまう。それが切なくて、私はその光景を美しいとは思うものの、あまり好きにはなれない。

そして、桜が散った後にはあの凶悪で暴力的な夏が待っている。

一方、銀杏は散るために存在する。散るためのその数日こそが、銀杏一年、辛苦の三六五日の中の突出したハイライト。路上に落ちても、溶けはしない。がさがさと「自分こそが秋だ」と自己を主張する。だから、心おきなく眺められる。そして、これが散り切ってしまうと、豊穣の冬が待っている。

私は東京都内でも最も陰鬱な大学に在籍した時期があって、その大学の数少ない美点のうちの一つが、二つのキャンパスの両方にたくさんの銀杏が植わっていることだった。古い大学で、必然的に古木だ。それが一二月の中の一日に信じられないほどの葉を散らす。四回ともそれを眺めることができたのは、私の大学出席率に鑑《かんが》みると奇跡に近いと言ってよい。その頃、学問の神は誰の上にも平等に銀杏の葉を降らせたのだろう。

霞ヶ関の坂道の途中に佇んで、そんなことを考えていると、ふと来年もこれを見たいと思った。再来年もその次もこれを見たいと思う。

そして私は、なぜか、頬を撫でていく風のことを、不意に、地球の風の流れだと思った。


こういう夢を見たことがある。

セコイアという木がアメリカ大陸にある。その背丈は一五〇メートルにも及ぶのだという。一五〇メートルというと、西新宿のビル群の中にあっても、超高層ビルに少し足りないくらいの高さだ。

だから私は新宿にセコイアの種を蒔いて歩いた。そしてその後、数百年も経っただろうか、ビルに並んでセコイアが林立してしまった。中にはビルの背丈を超える個体も何本も登場した。

なぜか廃墟になってしまった新宿摩天楼群の中で、一つの木がその高さになんなんとする。地面に、地球に根を張っている。そして私は、生きてその樹下にいる。

樹下にいて見上げてもそのてっぺんは見えない。

涼しい風が吹いてくる。

セコイアを見上げて、大きいなあと思い、そして、私はその根本に寄りかかって、昼寝をしている。そばにはなぜかアルパカがいる。南米に生息する首の長い、優しい目をした偶蹄類《ぐうてい》。大きな眼を閉じ、彼女も根本に蹲《うずくま》って、長い首を斜め前方に折って、眠りこけている。私は眠ったり覚醒したりしながら、身体をセコイアにゆだねている。気持ちがいい。

気持ちがいい。

何度目かの覚醒の際、私は突然、セコイアのてっぺんまで登ってみようと決意する。太い太い木なのだけれど、私はそれを存外、簡単によじ登っていく。緑の葉っぱを分け進みながら、そしてやがて木のてっぺんにたどり着く。

一五〇メートルの上空から、廃墟になった東京を見渡すと、セコイアだらけだ。

私は新宿だけに種を蒔いた筈なのに、それはあちこちに飛んでいったのだろう。あらゆるところにセコイアの木が立っている。ああ、あそこは目白、向こうは池袋、右手を見れば赤坂、霞ヶ関。どこもかしこも巨大なセコイアでいっぱいだ。太陽の光を受けて、それらが大きな樹影を大地に作っている。地面に深く根を張り、地球の一部であるかのように自己を主張している。地球から生えてきたんだと言っている。

ああ、そうか。地球の一部なんだ。

私はそう思う。

気づくと私の足と手がセコイアの枝に溶け込んでいた。動かそうと思えば動くのだが、セコイアに取り込まれていく方が気持ちが良いような気がして、そのままにしていたら、そのうちに手と足が完全に枝に一体化してしまった。

悪い気持ちではなかった。より目の前の光景にピントが合うようになって、色々なものが鮮明に見えてきた。

うっすらと丸い地平線の向こうまでも透けて見えてくる。ああ、地球は球なんだと思ったときに、思い出した。

そうそう、私自身も、かつてこの地球の一部だったたっけ。なんだなんだ、鳥も魚も人間も元はみんな一緒に土だったじゃないか。

それに気づいたときに、私は完全にセコイアの木の一部になっていて、さらに気づくとその葉になっていた。

あ、と思ったら、落ち葉になって落ちた。

一五〇メートル上空からふわりふわりと地面に落ちていった。安らかな気持ちがした。

時々この夢に似た感じに襲われることがある。

霞ヶ関の広い通りの舗道に佇んで、銀杏の葉を浴びていたときに、アタマに肩に頬に触れる銀杏の葉っぱの感触が、その夢と同じ手触りを持ってるなと感じていた。私は地球の一部。目の前をゆっくり舞うこの銀杏の葉と同族。

この季節を終えるとやがて土にかえっていくこの葉っぱと同じく、私もやがては土になる。地球という一つのものに融合する。

古い種だ。銀杏という種は。人類が発生する何億年も前から地球にいた。彼らはコンクリートに囲まれたこの都市を、ここに佇み、どう眺めているのだろう。

地下鉄の駅に潜って会社に出かけ、帰るのはいつも深夜だった。無意味に忙しい毎日を過ごしていると、季節が変わることを忘れる。寒いと不愉快で、暑いと不愉快で、それから逃れるためにあらゆる電気製品のスイッチを入れる。

ホモサピエンスという地球上で一番若い種類が、驚くほどに短期間でそういうライフスタイルを勝手に作ってしまった。それは確かに人間の努力と英知の歴史ではあったのだけれど、同時に、地面を掘り返して、石油を燃やして、有害な廃棄物を捨てて、その処理を地球というとんでもなく深い懐を持った親に任せっきりにしてしまった歴史でもあった。

ところが二〇世紀も終わりになって、その地球の深かったはずの懐がついに一杯となってしまったのだ。悲しいことだがそれは現実だ。

二一世紀という一〇〇年を、我々はどう生きればいいのだろう。

私は、おそらく、便利だった二〇世紀的の文明にサヨナラを言わなくてはならないときが来たのだと思う。無駄に資源を使い、無駄に色々なものを廃棄し、いくばくかの快適さを得た二〇世紀は終わったのだ。

今の快適さをすべて手放すことはできない。でも、ちょっとなら手放せる。そのちょっとが莫大な無駄を生んでいるのならば、それを積極的に手放してみよう。

なくてもすむものは何だろうか。本当に必要なものは何なのだろう。そういうものをギリギリのところで精査すべきときが来たのだ。

暑いときは暑い、寒いときは寒い、それで良いではないか。ちょっとぐらい汗をかいたところで、ちょっとぐらい息が切れたところで、それが何だというのだろう。以前は誰でもそうしていたのだ。要は慣れと身体の使いようだ。

そして、その慣れこそが人間の身体を変える。

特に冬、自転車に乗って身体を動かしていると、一枚上着がいらなくなる。自転車から降りてからもそうだ。これはホントにそうで、昔の日本人も薄着だったではないか。私の家の押し入れの中には着なくなったロングコートが、もう三年放ったらかしになっている。

文明は人間の身体を本当に弱くしたのだろう。だが、風に顔と身体をさらして身体を使えば、すぐにその力は蘇る。そして今、蘇らせることができないのならば、もう戻ってこないのではないか。そんな気すらしているのだ。

おそらく自転車自体は何も変えやしない。手軽に扱うことのできる、ただ愉しくて気持ちのいい乗り物、それだけだ。

でも、自転車は必ず何かのきっかけになる。私はそう確信している。オランダの例を取るまでもなく、結果は後でついてくる。

様々に申し述べてきたように、自転車をめぐる状況は、緩やかにではあるが、着実に変わりつつある。その変化はひょっとして「革命的」と言ってもいいほどのものになるのではないか。誇大妄想気味ではあるが、現在の私はちょっぴりそう思っていたりするのだ。

と、まあね。

そういう少々妄想じみたことをだよ、自転車に乗りながらふと考えるのだ。でも、何度も言ってきたけれど、もう一度言おう。これが最後。

自転車に乗るのは愉しいからで、気持ちがいいからで、そして、人生がちょっぴり幸せになるからだ。なぜ？　なぜだろう。色々理由はつけられるのだけれど、何より、自転車は人間と地球にフレンドリーだからだ。

人はなぜ自転車に乗るか。この乗り物が、地球上で一番、燃料効率のいいことは決して偶然じゃない。ひょっとしたら人類は、地球上に発生した五〇〇万年前から、五〇〇万年経ったら自転車に乗るように、ＤＮＡに組み込まれて生まれてきたのだ。

最後の最後に

「ヒキタさん、カクメイですよ、自転車カクメイです。コレは誰が何といおうとカクメイなんです。だからして、ヒキタさんは、そのカクメイを煽《あお》るべく、またしても本を書かなくてはイケナイ」と、大きな目玉をギョロつかせながら言ったのは、東京書籍の怪青年ヤマコー君こと山本浩史氏だった。

赤坂（私の職場があるところ）の蕎麦屋に自転車で乗り付け、ヤマコー君は、焼酎と蕎麦とを互い違いに口に放りこみながら、カクメイだカクメイだと、明らかにカタカナで言いつのるのであった。

「そうかなぁ」

「そうですそうです、そうですとも。未来は自転車とともにやって来るんです。クリスティーヌもそう言ってます」

「誰よ、クリスティーヌって」

「ボクのプジョーです。名前つけちゃったんです」

ヤマコー君の自転車は、プジョーの「メトロ」というモデルだ。決して高くない。それどころか、確かプジョーで一番安い自転車ではなかったか。それを大切に丁寧に乗っている。

「高い安いなんて関係ないですよ。彼女はボクに自転車の愉しさを深く深く教えてくれました」

「ふうむ（〝彼女〟なんだ……）」

「自転車は決してマニアだけのモノではないし、オバちゃんだけのモノでもありません」

「そう思うよ」

「ならば書くべきです。未来のために、人類のために」

というわけで、私は人類のためにこの本を書いたのである。……なんてね。ヤマコー節は人に感染するのだ。

でも、書き始めると楽しかった。書くことは自然に出てきた。私のウェブサイトを見てメールを出してくれる見知らぬ人々の質問も、とても参考になった。この場を借りて謝意を表明させていただく。

かくして、ちょこちょこと本業の合間を縫いつつ自転車の話を書き続けていると、ある日、ヤマコー君がまた赤坂にやって来て、こう言う。

「やはりヨーロッパです。オランダです。行きましょう。取材です。未来を見てくるのです」

まったくの偶然なのだけれど、ヤマコー君がそう言いだしたとき、私の目の前には二週間の休暇があった。サラリーマン生活一三年で、はじめてのこんなに長い休暇。私はどこぞでのんびりと過ごそうと思っていたのだ。

「ダメです。その休暇こそ運命です。これは偶然ではありません。行きましょう、未来のために、人類のために」

そして、ヤマコー君は、人類のために、東京書籍が算数や社会の教科書で地道に稼いだカネを引っぱり出してきてしまった。

「コレでどうです、ヒキタさん。少々足りないですけど、行きましょう」

そして我々はホントにオランダやドイツに行ってしまった。本書の後半にある通りだ。

「ヒキタさん、やっぱりカクメイです」

「ホントだ」

「来てよかった。ホントによかった。ここにはクリスティーヌがいっぱいいる！」


本書は色々な人の好意と協力との上にできている。

二玄社『ＢＩＣＹＣＬＥ ＮＡＶＩ』編集部や、ワイズバイクアカデミー浦山店長、自転車活用推進研究会、（株）シマノ、小杉隆元文相、急逝された足立のコダワリ自転車オヤジ長沼義雄さん、そして私のウェブサイトにもの申してくれた色々な方々などなど、表に裏にまことにお世話になりました。この場を借りて伏して感謝申し上げます。

しかし、何と言っても、本書はヤマコー氏の常識外れの異様な情熱がなければ、成立し得なかった。執筆のチャンスをくれたこと、色々な取材のお膳立て、尽きない情熱の維持。様々なことすべてに感謝申し上げたい。

できたぞ、ヤマコー。さあ売ってくれ。人類のために。

二〇〇一年一〇月　江東区南砂にて　疋田　智

文庫版のあとがき

「ヒキタさん、売れてます（涙）。売れちょります……」

というメールが、ヤマコーから私のもとに届いたのが、二〇〇一年の末、つまりこの本の親本（単行本版）が出た直後のことだった。

「涙」というのも、ちょっとどうかと思うけど（ヤマコーはいつも大袈裟なのだ）、事実、発刊一カ月を待たずに、この地味な本は、二刷、三刷を数え、その後も少しずつ少しずつ売れ続けた。

人によっては「自転車の『静かなブーム』を作った本」「ヨーロッパの現状を最初に本格的に紹介した本」などと評してくれる人もいたりして、私ヒキタとしては、もうありがたくて、読んで下さった方には、伏してお礼申し上げるしかない。

この本が幸運だったのは、ちょうど自転車の風が吹き始めた頃に、ピタリとタイミングが重なったことだろうと思う。

親本の六年間は、日本の自転車事情が大きく変化し始める頃に、そのまま重なっている。この六年間の変化はホントに急だった。だからこそ単行本版の記述には現状と大きく食い違う部分があり、今回の文庫化に際して、かなりの部分を大幅に改稿せざるを得なかった。

中には改稿しきれず「文庫版の附記」とした部分もある。読んでいただければお分かりの通りだ。

本書（文庫版）は、あくまで「〇七年現在での」完本と言っていいと思う。

だが、時代の流れは、特に自転車において急だ。こと日本では、おそらくこれからも自転車を取り囲む状況はスゴい勢いで変わっていくのだろう。

現に私の自宅の近所にある巨大スーパーマーケットには、先日、突然「スポーツ自転車のマニアショップ」のようなものができた。これまでママチャリとMTBモドキしか売っていなかったフロアに、ロードバイクと、クロスバイク、小径車、本格MTBが整然と置かれることになった。注目すべきはパーツのコーナーで、そこにはヘルメットやインフレーターはおろか、レース用のタイヤ、サイクルコンピュータ、輪行袋、などが各社各種さまざまに置かれることになった。

私はこんなところに大きな変化を感じる。

こういう巨大スーパーは、日々マーケティングを重ね、フロア面積あたりの売り上げに算盤《そろばん》を弾き、熟慮の上に品揃えの構成をする。「売れないモノ」を計画性もなくフロアに置くわけがないのだ。彼らは「売れる」と踏んだからこそ、こうしたフロアを店舗の中に作った。客はいるのである。

また、この巨大スーパーチェーンが、〇七年現在、力を入れているのは、アルミ製の新型ママチャリである。価格一万九八〇〇円。重量は一三キロ。従来のママチャリに較べると、値段は約二倍。だが格段に軽い。そして錆びにくい。この数字に従来の「ママチャリの顧客」はどう反応するだろうか。

巨大スーパーマーケットは言うなれば一つのメディアである。身近なところに、こうした自転車がある、こうした世界がある、ということを彼らが日々発信し続けるというのは、現在の日本の自転車事情を良き方向に後押しすると思うのだ。

東京という巨大都市を走るスポーツバイクは年々増えてきた。メッセンジャーは日々増え続け、自転車ツーキニストは猛烈な勢いで増殖し、自転車ブームは本格化しつつある。いや、本来、自転車は「ブーム」で終わるようなモノではない。これは次のスタンダードへの新たな胎動なのであろう。

次の年、また次の年になると、この小さな文庫本にしても、また記述に微妙な食い違いが出てくると思う。それでいいのだ。正直なことを申し上げるなら、私ヒキタは、今それをこそ望んでいる。

もしも環境意識が高まる何らかのショッキングな事実のようなものが出現したら。もしもガソリン価格がリッター二五〇円程度になったなら。その結果、もしも日本の道路事情がドイツやオランダ並みになったなら。

そうしたとき、本書はまた大幅に書き換えざるを得ない。私としても無論、望むところである。

きっと朝日の阿部さんも山田さんもＮＯとは言わないだろう。

そうです。最後になりましたが、本書文庫版の発刊に関しては『週刊朝日』編集部の阿部英明さん、そして朝日文庫の山田智子さんには大変お世話になりました。厚く御礼申し上げます。

二〇〇七年五月

疋田　智

特別対談

素晴らしき自転車人生！

お笑い芸人　　　　　自転車ツーキニスト

パックン×疋田 智

「晴れていれば、スタジオでもロケでも、
都内の移動は自転車がほとんど」というほど、
普段から自転車生活を愉しんでいるパックン。
対するは、昨今の自転車ブームの仕掛け人ともいえる
スキンヘッドのツーキニスト・疋田 智。
やんちゃな少年時代のエピソードから、
日本や海外における自転車事情、その未来像まで、
自転車を愛する２人が熱く語り合う！

子どもの頃から自転車三昧

疋田　この間ね、雑誌で、パックンが自転車で新聞配達をしながらハーバード大学に行ったという記事を読んで、スゴイなぁって思ったんですけど。小さい頃からずっと自転車だったんですか？

パックン　初自転車はたぶん三、四歳のときで、それ以来、自転車のない生活をしたことがないですね。子どもの頃ね、ウチのおじいちゃん、おばあちゃんがキャンピングカーを持ってたんですよ。それにボクの自転車をつけてもらって。その頃はＢＭＸにハマっていたんだけど、クルマであちこち六時間ぐらい走って、おじいちゃんたちが観光名所とか行っている間、ボクは自転車を下ろして、近所の子を見つけて自分の自転車を自慢したり、みんなで競走したり。どこに行っても新しい友達ができたし、自分でその街を探索できたんですよ。すごくよかった。一二、一三歳くらいのときだったかな。

疋田　いいなぁ。自転車がコミュニケーションツールにもなっていたってことですよね。

パックン　高校のときは、隣町まで一時間ぐらいかけて自転車に乗って行ったりしてましたね。車を買ってからも毎朝自転車で新聞配達をして、大学もずっと自転車で。途中、ヒザを骨折して、しばらく車椅子や松葉杖の生活で乗れない期間もあったけど、それでも歩けるようになったら、自転車のほうが速くて、痛くなかった。結果的にリハビリは遅くなったかもしれないけど（笑）、自転車にはすごくお世話になっていて、日本での生活もずっと自転車と共に暮らしてる感じなんですよね。疋田さんは何歳から乗ってるんですか。

疋田　最初に乗ったのは三歳ぐらい。ただ、自転車が大きな趣味になったのは、小学校の一〇、一一歳くらいなんですよ。私の場合はBMXじゃなくて、ランドナーって自転車で。分かります？　日本ではサイクリング車って呼ばれてたんですけど。ドロップハンドルで、荷物をいっぱい積んでサハラ砂漠を横断！　なんて人が乗ってるタイプの自転車。

パックン　あぁ、すっごいヒゲがぼうぼうにのびてる人が乗ってたりするヤツ（笑）？

疋田　そうそう（笑）。そのレプリカ版みたいのが、日本で流行ったんですよ。で、それにテントとかを積んで。私、九州の宮崎県に住んでたもんで、地元のいろんな山を上ってみたり、ぐるっと回ってみたり。

パックン　いいねぇ。

疋田　いいでしょ、いいでしょ（笑）。よく両親も許してくれたなと思うんですけど、中学生になると、週末とか夏休みとかね、いろんなところへ一人で行っては、河原にテントを張って、そこで寝袋で寝て、次の場所に行って、みたいなことをずっとやってたんです。でも、大学は東京だったんですけど、大学生って〝助手席〟が重要じゃないですか。

パックン　Patrick Harlan
1970年、アメリカ・コロラド州生まれ。ハーバード大学卒業後、93年に来日。福井県で２年半、英語講師を務める。役者を目指して上京、吉田眞氏とお笑いコンビ「パックンマックン」を結成。NHK『英語でしゃべらナイト』などにレギュラー出演中。

パックン　自転車は助手席ないしね。かといって、二人乗り自転車を買ってもねぇ（笑）。

疋田　そんなわけで、大学時代はあまり乗らなくなりまして。そのときは車マニアになっちゃいましてね。それが会社に入って復活したんですよ。満員電車がイヤだったのと、その頃、筑紫哲也さんの「ニュース23」っていう番組をやっていまして帰りが真夜中なんですよね。そうすると局から相乗りのタクシーで帰るじゃないですか。これがイヤだったんですよ。真っ暗闇で本も読めないし、寝ることもできないし、単純に無駄な三〇分、四〇分をタクシーの中で過ごす、というのがね。それで自転車に切り替えて、そこから一〇年くらいずっと自転車通勤なんです。でも、日本って、自転車で走りにくくないですか？

パックン　アメリカに比べると、まず信号機が多いし、道が狭いし、混んでいて、走りづらいと思われているけど、アメリカより、自転車のことをみんなが意識してくれるんですよね。基本的に日本のほうが飛び出しも少ないし。ボストンで、つまりアメリカの大都市で走っている経験と比べると、東京のほうがまだ走りやすいですよ。道がすごくきれいに整備されてるでしょう。アメリカの道は何が落ちてるかわからないじゃないですか。

芝田 なるほどね。

パックン あ、水だ、と思ったら、油だったりすることもあるし、曲がり角にいきなりゴミ袋とか、ゴム手袋とか、なぜか片方だけの靴とか落ちてるんですよ。

芝田 確かにありますね。

パックン 日本の道路もときどき穴があいてたりすることありますけど、でも、あの穴に特別な名前はないじゃないですか。あの穴のことを英語でなんていうか分かります? ポット・ホールっていうんですよ。つまり鍋穴《なべあな》。英語で名前があるくらい、つまり普通の生活にありふれてることなんだけど、名前があるだけじゃなくて、たとえばニューヨーク市にはポット・ホール部があるんですよ。

芝田 あぁ、それを直すための部署。なるほど。

パックン そこに何人か常勤している人がいるし、それだけの予算が必ず毎年あるわけですよ。それだけ、道に穴があいてるのは普通のことなんです。アメリカで四駆のクルマが人気なのは、そうした理由もあるんですよね。すごいヒドイですよ、道の整備が。

芝田 じゃあ、自転車の細いタイヤでは、なおのこと走りにくいですね。

パックン　ただし、道がすいていて、コロラドとかに行くと、隣町までの一〇〇キロの道が気持ちよく走れるんです。まっ平らな大草原を走るのは、やっぱり最高ですよ。

日本は「ママチャリ大国」

芝田　アメリカ人って、自転車で歩道に乗り上げませんよね。日本に来たとき、意外な感じがしませんでした？　自転車が歩道を走っている、ということに。

パックン　それよりも、日本人はみんなママチャリに乗っているのが、すごく不思議なんですよ。普通のサラリーマンとか、パパなのになんでママチャリなの？　って（笑）。英語でいうレディース・スタイルのフレーム、あれはアメリカでは男は乗らないものだから。

芝田　そうですよね。日本の自転車の八割がママチャリなんですって。

パックン　でも、スグレモノですよ。それは自分も乗って感じたんですけど。丈夫でね。

芝田　ギアも三段ぐらいついてますしね。

パックン　ちょうど漕ぎやすい感じで。まぁ、たいしたスピードは出ないんだけど、思い切りコブにぶつかってガーンとかなっても、パンクもしないし、壊れもしないし。前のカゴの真下に支えがついているのは、日本独特ですよね。

芝田　あれ、ほかの国のは引っ掛けるだけなんですよね。ただね、ママチャリはスピードが出ないのと、長く走れないでしょう。だから、結局ご近所をクルクル回るだけ、っていう自転車になっちゃうじゃないですか。ここがちょっと残念でしてね。たとえば、隣町まで行くのに自転車を使うなんていうのは、すごくアリだと思うんですよ。楽しいし、速いしね。だけど、日本のなかの自転車って、隣町まで行くものじゃないですからね。

パックン　でも、都内の移動手段としても、すごく速いと思う。一番速いんじゃない？

疋田　智

疋田　そう思います。パックンはスタジオに行くときも、いつも自転車？

パックン　晴れてる日はだいたい自転車。フジテレビ以外はね。レインボーブリッジが通れないから……。ほかはホントに自転車が一番速い。

疋田　でも、局の人にヘンな顔されたりしません？

パックン　んーと、極力会わないようにしてる（笑）。こういうロケとかも、「え、自転車!?」ってすごいビックリされるんですよ。でもね、アメリカではサラリーマンでも自転車通勤の人、多いですよ。会社まで動きやすい格好で行って、会社にロッカーがあったりすることもあるんだけど、自分のスーツとかをリュックに入れたりして、会社についたらシャワー室があって、着替えて……。

疋田　へーえ、ずいぶん変わってきたんですね。ヨーロッパに比べると、アメリカはずいぶん遅れてるイメージだったんですけど。

パックン　いやぁ、遅れてる、完全に。

疋田　でも、そういうふうになってきてるんですか。六年くらい前に取材で、ニューヨークとボストンと、それから南部の田舎町をずーっと行ったことがあるんですけど。やっぱり都会は自転車が多かったですよね。田舎は少ないなあ、って印象でしたけど……。

パックン　田舎はやっぱり趣味として、週末に一生懸命乗る、って感じで。

疋田　そうですよね。

パックン　まぁ、距離がハンパじゃないからね。たとえば、日本で通勤っていうと、たとえばボクの家から渋谷までは電車で三〇分なんだけど、自転車だと一〇分なんですよ。でも、たとえばボクのお母さんが通勤しているクルマで三〇分は、自転車で二時間、とかですよ。家を出てすぐ高速道路に乗って、ビューーンと。高速道路で七五マイルだから、一二〇キロとか出すでしょう。それを自転車で行こうと思ったら、行けるけど、ちょっとした遠足ですよ。八時間働いて、二時間漕いで帰るのは……。

疋田　それはねぇ。

パックン　でも、みんな必ず自転車を持っているし、週末、自転車で出かけるファミリーを見かけることも多い。おそろいのヘルメットをかぶったりしてね。だけど、自分も子どもが生まれたばっかりなんだけど、日本で自転車に乗せるのはちょっと怖いかなぁ、とも思うんですよね。

疋田　なるほど。

パックン　都内をゆっくり走るのは怖いかなぁ、と。だいたいクルマと同じくらいの速度が出せるから安全かな、と思うんですよ。ずっと追い越されっぱなしだったら怖いな。

疋田　子どもの頃だけは歩道のほうが安全だよ、ってことなんでしょうけどね。

自転車とクルマのあり方

疋田　でも、最近、右側通行してる自転車が多いと思いません？　つまり自分が車道の左側を走っていると、正面から自転車がくるっていう……。

パックン　それはもちろんマナー悪いし、迷惑だと思うよね。

疋田　最近ホント多くてね。そういうとき、呼び止めて、左側走れ、って言うんですよ。

パックン　疋田さんがお説教するんですか？　地面説教（笑）？　すごいね。

疋田　急いでるときはやりませんけど（笑）。そうするとね、左を走るって法律を知らないからやってるんじゃなくて、あえて右側を走ってるんですって。左側を走っていると、後ろからクルマがきて怖いけど、右側を走れば、前からしかクルマがきませんからね。そっちのほうが安全だと思い込んで。でも、すごい迷惑じゃないですか。実際、危ないし。

パックン しかも、携帯電話でしゃべりながら。

疋田 そうそう、片手でこうやって……。なかにはメール打ちながらもいるでしょう！

パックン まぁ、自分の一〇代の頃とかを思うと、自転車で充分アブナイことをやってましたけどね。ＢＭＸに乗ってたから、前輪ウィリーとか。前輪で後ろを立てて、それでバウンズできるかとか……。

疋田 できます？

パックン 昔は多少できてた。

疋田 すごい、すごい。ジャックナイフって言うんですよね。あれ、怖くないんですか？

パックン 最初はやっぱりハンドルを固定してないと、顔からいきますからね。しかも、あの頃はまだヘルメットというものを知らなかったし。ホント、自分の手足は自転車の傷だらけですよ。ベアクローっていう自転車のペダルがありますよね。

疋田 ギザギザのいっぱいついたヤツですか。

パックン あれ、ＢＭＸ界ではベアクローというんですよ。ＢＭＸにはもちろん足を固定するストラップはつけられないんだけど、特に空中でトリックやってるときに、ペダルから足が滑っちゃうとすごく危ない。自転車を自分のペダルと足の摩擦で持ち上げるんで、摩擦を増すために、すごいとんがってるわけ。だから滑らなくていいんだけど、万一滑ったときには、もうホントに大根おろしみたいな状態になるわけ。ギリギリっと。

疋田　うわっ、痛そう。

パックン　だから、弁慶の泣き所の皮膚が全部はがれちゃって。そういう傷ですよ。

疋田　うわぁ、それ、やったことあります?

パックン　もちろん。毎朝、友達と挨拶がわりに傷状態をチェックするんですよ。「治ってる?」「うん、まぁまぁ」とか。「ねぇ、カサブタはがしていい?」「うん、いいよ」って。だから、そういう危ない行動をあまり説教する立場でもないんですけどね。

疋田　なるほどね。でも、そういうプレイと普通の交通ルールって違うじゃないですか。最近思うのは、警察なんかがもうちょっと自転車のルールってこうですよ、っていろんなところで宣伝してほしいと思うんですよ。

パックン　この間、自転車に乗っていたとき、警察の人に道を聞いたら、「こう行って右に曲がって、次が左です」とか案内してもらったんだけど、「このタイヤ、交換してくださいね」って注意された。「だいぶ、擦り減ってますから」って。

疋田　おぉ、それはだいぶ分かってるなぁ。でもね、警官によっては「こうです、こうです、じゃあ、危ないですから、歩道行ってくださいね」っていう人がよくいるんですよ。でも、自転車を車道で使えないのは、もったいないじゃないですか。世界的にも自転車が注目されているのは、エコロジカルだからっていうのがありますよね。だけど、自転車自体がエコなわけじゃなくて、空気清浄機でもなんでもないわけで、クルマから乗り換えるからエコなんですよ。そのあたりも分かっていただきたいなと思うんです。だけど、日本の警察や役所は、「自転車、いいことですね」って言うんだけど、「でもクルマの邪魔はしないでね」って感じになるんですよ。

パックン　温暖化防止が叫ばれている今こそ、自転車の推進にとりかかってもらいたいですよね。もっと駅前の駐輪スペースや、自転車レーンなんかも作って……。ヨーロッパとか、自転車レーンとかすごくないですか。

疋田　スッゴイですよ。ほんとに。だから、クルマより速い。特にオランダなんて、自転車レーンのほうが車道より多いんですよ。

パックン　この間、ユーチューブのイチオシのビデオに、ブロンクスとマンハッタンを結ぶリンカーントンネルを、自転車で通る、っていう映像があったんですよ。自ら自転車に乗って、カメラをヘルメットかなんかにつけて撮影してるんだけど。

疋田　そのトンネルは、自転車で通れるの？

パックン　いや、通っちゃいけないんだけど、自転車通勤を推進する運動の一環として、ね（笑）。で、入る前に電子掲示板に「トンネル通過するまで四五分」と書いてあって、で、彼は二車線ギッシリ渋滞しているクルマの間を抜けて、三分で通るんですよ。

疋田　へーえ、そうですか！

パックン　だから、ブロンクスの彼の家とマンハッタンの事務所の通勤時間がクルマだと一時間のところを、一〇分で行けるんです。

疋田　トンネルなら雨も関係ないですしね。それ、自転車道にしちゃえばいいのになぁ。

パックン　日本ももう少しね、自転車が走りやすい環境にしてもらいたいし、まぁ、そこまで走りづらくもないと思うから、みんなもっと乗ればいいと思いますよ。

疋田　クルマとの話にしても、クルマを別に悪者にするつもりはないんですよ。要はメリハリって言いますかね。

パックン　使いよう。

疋田　そう、使い方を分けましょう、と。都市間交通、たとえば東京から甲府、なんていう距離を自転車で行くのはシンドイじゃないですか。それはクルマや電車で行けばいい。だけど、同じ東京の中であれば、別にクルマで回る必要ないかなって思うわけですよ。都市内交通は自転車もしくはバス、地下鉄みたいな公共交通機関、都市間交通はクルマないしは電車、というようにメリハリをつけて、棲み分ければいいなぁと思うんですよね。

パックン　ボクはね、地下駐車場を作って、いま道の端に停めてある路上駐車を完全になくして、そこを自転車レーンにすればいいんじゃないかな、って思うんですよ。

疋田　あぁ、路側帯にクルマが停まってるの、あれ、一番危ないですよね。

パックン　突然、ドアがパカッて開いたりしてね。

疋田　それが怖いから、ちょっと膨らんで走るでしょう。そうすると、後ろからクルマが来ますしね。ホント怖くて。あれが一掃できればね。

パックン　そこを自転車レーンにして、バスレーンみたいにそこを走るクルマを厳しく取り締まれば、せっかくあいてるんだから自転車で走ろう、となるんじゃないですかね。

自転車が街を活性化する

パックン　自転車で、ヨーロッパとか、アジア横断とかしたいですよね。どこだっけ、貸し自転車がすごく徹底してる国？　オランダだっけ？

疋田　オランダはすごく徹底してますよ。

パックン　たとえば、郊外から通っている人も、タクシーに乗らずに自転車を借りてピューッと仕事先とかまで行って、また違う駅でも返せるっていうシステムですよね。レンタカーの乗り捨て、みたいな。

疋田　三社くらい、レンタサイクルの会社がありましてね。どこの駅の近くにもステーションがあるので、そこで返しておしまい、っていうね。あれ、いいですよね。

パックン　旅をしていてもね、ホント、貸し自転車があればいいなと思うんですよ。温泉に行ったりするじゃないですか。送迎バスがあったりしてもいいんだけど、だったら自転車を借りて、街並みをゆっくり見て、買い出しもその自転車で行けたりしたら……。

疋田　いいですよねぇ。

パックン　もっと気楽に地元を、地方を楽しめるような気がするんですよ。自転車がある、なし、だけで、ずいぶん自分の行動範囲が変わるし。

疋田　自転車で行くと、その街が見えてくるじゃないですか。見えてくると、「あ、これなんだろう」って、自転車だとふらっと寄っていけるし。

パックン　クルマはすぐに停められないですもんね。

疋田　そうすると、街にお金が落ちることもあるじゃないですか。

パックン　そうそう、経済効果。

疋田　実際にね、ヨーロッパの街って、それで復活したところも多いんですよ。ドイツのノルトライン・ウェストファーレン州だとか……。やっぱりそれまではアメリカ型のライフスタイルになりつつあったんですって。郊外にでっかいスーパーマーケットがあって、一週間に一度そこにクルマで行って、どかっと買って帰ってくる。会社に行くのもクルマ、っていうスタイル。そうすると、街の真ん中が空洞化してくるんですよね。

パックン　そうだね。

疋田　人がクルマにこもって、自分の家と会社とスーパーしか行かない、みたいなことになってきて、これはマズイと。まぁそれだけじゃなかったんですけど、それで自転車を活用してみたら、人が中心街に集まるようになった。そうすると街が再び活性化してきて、クルマを使っているときよりも、コミュニティが成り立ちやすくなったそうなんです。日本の国土の小ささや人口密度の高さを考えると、街づくりはヨーロッパ型を目指すべきかなって思うんですよ。その中心にくるのはやっぱり自転車かな、ってね。

ロードレーサーの快感

パックン 自転車を選ぶときは、どんなところを重視するんですか?

疋田 私は「速いこと」が一番なんです。なので、軽さと、700Cの細いタイヤという、この二つだけなんですよね。

パックン 同じタイヤですね、ボクと。

疋田 同じ700Cで、私のより細いですよね。あれ、一九ミリくらいでしょ? 私のは二三ミリで、若干太めなんですよ。街乗り専用って感じにしてるんで。

パックン そのほうがパンクしづらいですよね。

疋田 草レースに出るときなんかは別のホイールに変えましてね。一九ミリにするんです。細いとスピードが出ますよね。

パックン あと、ボクは街乗りではハンドルの幅が細いほうがいいですね。ボクはクロスバイク、アメリカではハイブリッドっていうんですけど、あれに乗ってたんだけど、日本で乗るにはやっぱり少し幅が広すぎるね。車の間をピュッ、ピュッ、ピュッと通れるくらいの幅がいいですね。でも、疋田さん、盗難、怖くないですか。

疋田　盗難はねー、すごく怖い。

パックン　だって、疋田さんの自転車、すごい盗みたくなるもん（笑）。メッチャいいの乗ってるから。

疋田　実は二回くらい盗まれたことがあるんですよ。防犯番号を警察に言ってもダメだったんですけど。でも、盗まれないコツがいくつかありましてね。ひとつはね、人目につくところ、目立つところに置くっていうこと。ともすれば、自転車って隠すように置いちゃいますけど、あれは逆なんですよね。あと、パックンは、カギはいくつ付けてます？

パックン　ボクは一個。

疋田　私、三つ付けてるんですよ。輪っかに付けるヤツが二つと、あとガードレールに結わえるヤツ。統計ではね、泥棒は一〇分以上かかるような盗みはやらないんですって。面倒くさいし、見つかる可能性が高いんで。だから、余計盗むのに面倒くさいような形にしておくのも、ひとつのコツでしてね。あとは、ビアンキとコルナゴとデローザに乗らないこと。ああいう人気ブランドは盗まれやすい！　ジャイアントとかに乗ってるとね、大丈夫（笑）。

パックン　でも、今乗ってるジャイアントも高いでしょう。

疋田　あれは高いです（笑）。でも、最後に盗まれたのが七年くらい前で。その時期にね、一年に一回ペースで二回盗まれたんですよ。すごくイヤじゃないですか。腹がたつしねぇ。

パックン　その日の帰りがイヤなんですよね。でも、日本は治安のいい国ですから、ボク、今の自転車は長く乗ってるんですけど、盗まれたことないですよ。まぁ、人気のないブランドというのもあるんですけど。

疋田　でも、フェルトは割と人気出てきたところで。ドイツのブランドですよね。何年くらい乗ってるんですか、あのフェルトは？

パックン　六年くらいかな。その前はジャイアントに乗っていて、福井ではママチャリにも乗って。いろんな形の自転車乗ってるんですけど、やっぱりこのロードレーサーがすっごい気に入ってるんですよ。とにかく速い。

疋田　ロードレーサーにいっちゃうと、もう他の自転車に乗れなくなっちゃうんですよねー。あのスピードに慣れちゃうと。

パックン　あの快感。いいですよね。

風景に「参加できる」自転車

パックン　福井でもママチャリから、ロードレーサーに近いタイプの自転車に移ったんですけど、そうすると、やっぱり自転車での行動範囲が広がりますよね。その頃、友達と自転車で京都まで行ったんですけど、見えるものが違うんですよね。クルマで高速道路をヒューッと行くと一時間半とかで行けるんですけど、自転車で一日かけるとすごく気持ちよくて。途中の小さい街とか、全部見られるわけですよね。

疋田　風景の意味合いが変わるっていうかね。

パックン　その場に存在してる感じがする。

疋田　する、する。クルマや電車からの風景って、行き過ぎるだけじゃないですか。

パックン　テレビを見てる感じ。

疋田　そう、そんな感じですもんね。自転車だと、ホント実感としてありますよね。

パックン　匂いも違うし、音も違うし。まわりが箱で囲まれているクルマとか、電車とは違って、ホントに参加してる感じ。インタラクティブですよ。

疋田　しかもスピードが適当に出る、っていうところがいいですよね。実感ということでいえば、歩いていてもそれは同じ感覚があるんだけれど、やっぱりちょっと遅すぎるっていうね。そういうバランスが一番いいところに自転車ってありますもんね。自転車って、いま選んで乗ると楽しいんですよ。だけど、ガソリンの値段が上がっちゃって、しょうがないから嫌々乗る、ってことになると、自転車ってつらいし、だるいし、ってことになっちゃうじゃないですか。

パックン　まぁ、選択肢があっていいですよね。

疋田　「シックスホイール」というのが雑誌などでも取り上げられていて、つまり、四輪のクルマに二輪の自転車を載っけて遊びに行きましょう、って意味なんですけどね。郊外まではクルマで行って、駐車場に停めたら、後は自転車で遊びに行こうっていうね。そういうレジャーのあり方もありかな、と。そうやって自転車に慣れていくと、やがて街の中でも使うようになるじゃないですか。そうすると、自転車へのハードルが少しずつ下がっていく、そうなってくれればいいな、と思うんですよ。

パックン　ボクはね、別に「乗れ、乗れ」って言わなくても、ちょっと乗り出したら、駐輪スペースもそんなに探さなくていい、駅まで歩かなくていい、ガソリン代を払わなくてもいい、そして、渋滞の中もスイスイ行ける、その利点を考えたら、みんな乗りたくなるんじゃないかな、と思うんですよ。地球にやさしくて、街にもやさしくて、そして健康にもよくて、自転車に乗ってるアナタ、カッコいい！　というふうになればね。

疋田　なんでアナタ自転車乗らないの？　ぐらいになっちゃうとね。

パックン　そうそう。そうしたら、ボクたちの株も上がるんじゃないですか（笑）。

協　力

[日　本]

浦山忠之（ワイズロード新宿・店長）

榎本雄太

小杉　隆（元文相）

故長沼義雄（有限会社自転車専科）

NPO 法人自転車活用推進研究会

株式会社シマノ

『BICYCLE CLUB』編集部（枻出版社）

『BICYCLE NAVI』編集部（二玄社）

ウェブサイト「自転車通勤で行こう！」を訪れてくれた方々

[欧州取材]

Axcel Möler-Funk（ADFC/Bonn）

Stephan Böhme（Stadtplanungsamt/Stadt Münster）

中沢陵子（Welkom in Groningen!!）

http://www.geocities.jp/welkomingroningen

[写　真]

青木　彩（巻末対談撮影）

松本さつき（欧州取材撮影）

自転車文化センター（P120写真）

スペシャライズド・ジャパン株式会社（P97写真）

株式会社丸石サイクル（P99写真）

Stadt Münster, Stadtplanung（P254写真）

（五十音順・敬称略）

自転車生活《じてんしゃせいかつ》の愉《たの》しみ
朝日文庫

2007年6月30日　第1刷発行

著　者　疋田《ひきた》　智《さとし》

発行者　宇留間和基
発行所　朝日新聞社
〒104-8011　東京都中央区築地5-3-2
電話　03 (3545) 0131 (代表)
編集＝書籍編集部　販売＝出版販売部
振替　00190-0-155414
印刷製本　大日本印刷株式会社

Printed in Japan
定価はカバーに表示してあります

ISBN978-4-02-261530-5

朝日文庫

朝倉　一善
“奇跡”の温泉
医者も驚く飲泉力

ゆったり温泉に浸かって心を癒やし、源泉水を飲んで健康を取り戻す。全国の飲める源泉水ベスト四七を紹介。

金久保　茂樹
おいしいローカル線の旅

ローカル線に揺られて景色や温泉、土地の料理を楽しもう。えちぜん鉄道、大井川鐵道、島原鉄道など、一二のローカル線を紹介。

西田　成夫／グループ「旅の通」
第二の故郷《ふるさと》を見つける旅に出よう
函館から竹富島まで

人生も後半、悠遊たる時間が手に入ったなら旅に出よう。時々帰省できる故郷を確保、都会と田舎の楽しい二重生活のススメ。

下川　裕治
12万円で世界を歩く

赤道直下、ヒマラヤ、カリブ海……。パック旅行では体験できない貧乏旅行報告に、コースガイド新情報を付した決定版。一部カラー。

松本　仁一
アフリカを食べる

アフリカではサルを食べ中東では豚を食べない。なぜ？　アフリカ通の著者が「食」を通じアフリカの人々を描く。

深田　久弥
日本百名山

日本の山登りファン必読の、不朽の名作。大雪、月山、開聞岳……。いずれ劣らぬ名山へと、香り豊かな文章が誘う。〔解説・今西錦司〕